ちくま新書

アーバニスト——魅力ある都市の

中島直人
Nakajima Naoto
一般社団法人アーバニスト
Urbanist

1614

アーバニスト――魅力ある都市の創生者たち【目次】

第4章　都市空間を通じて、都市の営みを再編する　三谷繭子＋宮　尋　145

はじめに

中島直人

コロナ禍が世界を襲い、私たちの生活は大きな影響を受けている。しかし、個々人の行動の制約、変化は、自分たちが暮らす都市やまち、あるいは様々な場所や空間、施設の意味を根本から問い直す機会でもある。オフィスはなぜ都心に集中しているのか。公園という施設はいつ、誰が何のために発明したのか。盛り場は誰のためにあるのか。一年半前までは存在が当たり前すぎて、多くの人にとってその機能や立地、構造を疑ったり、問うたりするものではなかった都市、まちが、人々の意識の中に入ってくる機会が増えたのではないか。

コロナ禍のずいぶん以前から、日本の都市づくりは課題を抱えていた。人口減少・超少子高齢化、縮退社会を迎えるなか、持続可能な都市を目指して、環境、社会、経済の各面からの再生が求められていた。既存の都市構造を見直してコンパクト＋ネットワーク型へと転換していく、自動車優先のまちを見直してウォーカブルな（歩きたくなる）都市へ転換していく、緑地、住宅なども含めて環境負荷の少ない低炭素型都市へと転換していく、そういった方針で、様々な取り組みが行われ始めていた。

コロナ禍を経験したあとでも、持続可能な都市を目指すこうした方針は基本的には変わらない。その実現のためには、行政が制度や仕組みを整え、ディベロッパーをはじめとする民間企業が資金を投下するだけではダメだという事実も変わらない。生きられる都市の転換、再生には、細やかで小さくて、ただし持続的かつ新鮮な取り組みが必要である。コロナ禍以前から、身の回りの環境としての都市に主体的に関わり合っていく実践者の存在が都市づくりのキーになっている、そうした認識が定着しつつあった。

先取りして書いてしまうが、本書では、今後の日本の持続可能な都市づくりのために必要なのは、新しい施設や制度、お金というよりも（もちろん、それらが必要には違いないが）、まずは人だと考えている。単に優れた都市づくりの専門家がいればいいということではない。都市を舞台に、住まう、商う、営む、造るといった様々な暮らしを展開している人々自身が創造性をもって自らの都市に参画していくことが大事である。

そうした人たちが暮らす都市、まちは生き生きとしている。そのような人を生み出す基盤となるのが、都市やまちへの関心の広がりなのである。

†都市の負債を資産に変える

都市を再生させるという取り組みは、今から四半世紀ほど前に、産業構造の変化や郊外化の極度の進展を経験した世界の先進各国でほぼ同時に始まった。

日本では、「都市再生」という言葉が二〇〇二年の都市再生特別措置法の制定あたりから人口に膾炙し始めた。都市再生は、現在では、東京をはじめとする大都市の都心部での大規模な再開発をイメージさせる言葉となっているが、この言葉の大本を辿ると、もともとの意味は異なっている。

都市再生にいち早く取り組みはじめたのはイギリスであった。都市が持つ価値を再認識し、郊外化から脱却し、都市中心部の環境再生へと方針を転換させた。特に転換を決定付けたのは、イギリス政府が一九九八年に建築家のリチャード・ロジャースを座長として設置した都市タスクフォースによる提言であった。

都市タスクフォースは、「urban regeneration」、そして「urban renaissance」、つまり直訳すると「都市再生」となるコンセプトを掲げ、都市空間ストックのリノベーション、公共空間の再生を主軸にした都市政策を力強く後押しした。都市タスクフォースの提言の要点の一つを、イギリスの都市計画家のニコラス・フォークは次のようにまとめている。

もし都市の負債を資産に変えようとするならば、都市計画家や測量技師ではなく、より多くの「アーバニスト(urbanist)」と「社会起業家(social entrepreneur)」が必要となる。[1]

日本でも、この意味での都市再生が全国的な課題となっている。眼の前の都市や地域は多くの課題を抱えているとしても、それらを一から作り直すという選択肢はない。現状を冷静に見つめ、それぞれの都市やまちの良さを発見し守り育てながら、活用されていない資源に新たな価値を付加していくことが求められている。つまり、日本の都市の多くにまさに「都市の負債を資産に変え」ていくことが求められている時代である。

では、そうした時代に「都市計画家や測量技師ではなく」、「アーバニスト」や「社会起業家」が必要である、とはどういうことだろうか。特に、聞きなれないアーバニストとは、果たして何者だろうか。

†アーバニストとはだれか

まずはアーバニストのイメージをつかむために、グーグルで英語の「urbanist」の画像検索をしてみる。結果は、香水やファッションプロダクトも含めて、「urbanist」というロゴがずらっと並ぶことになった。正直、人物像とはまったく結びつかない。

試しに、関連する「urban planner」、「urban designer」、そして「architect」を検索して、違いを見てみよう。「urban planner」では、都市の図面を囲んで議論したり、検討したりする人々のシルエットが並んだ。「urban designer」では、人の姿は消え、もっぱら具体的な都市、特に地区スケールの鳥瞰パースが検索にひっかかった。「architect」では、単体の建物の画像やその図面、あるいは図面を引いたり、図面をもとに監理している人の姿が並んだ。

つまり、「urban planner」、「urban designer」、「architect」に関しては、対象とする都市、地区、建築とその関わり方がおおよそイメージ検索から見えてくるのである。それらに対して、「urbanist」の人物像はいかにも不明瞭である。

次に辞書を引いてみよう。イギリス、アメリカの辞書では、「urbanist」とは、「都市計画の主唱者、専門家」(*Oxford Dictionaries*)、「町や都市の研究や計画を行う人」(*Collins*)、「都市計画の専門家」(*Merriam-Webster*)とある。これらの説明からすると、「urbanist」は、「urban planner」、つまり都市計画家とほぼ同義のようである。しかし、どうもそう簡単なことではない。

というのは、ネットで検索を続けていくと、このような「urbanist」の説明に対して疑問を呈する言説にいくつも出会うのである。例えば、カナダのトロントをベースに不動産事業を展開するブランドン・ドネリーは、自分自身のブログで、「アーバニストとは何だ？」というタイトルの投稿をし、「辞書を引いてみると、アーバニストは都市計画の専門家だというような定義にいくつも出くわすだろう。しかし、きっとそのような定義から外れる、自分をアーバニストだと認識しているが、都市計画の専門家だとは捉えていない人はたくさんいると思う。この言葉はもっと他のものを意味するように進化してきたのだ」と述べている。[2]

実は日本語の辞書で「アーバニスト」を引いてみることで、ドネリーの違和感が説明できる。『大辞林』には、「アーバニスト」について、二つの意味が掲載されている。一つ目は「都市計画の専門家」である。そして、もう一つが「都市に住み、都会の生活を楽しんでいる人」なのである。

「アーバニスト」は単に都市計画の専門家を指すのではない。この二つの意味を併せ持つことが重要なのではないか。引用したドネリーのブログも、そのことを示唆しているのではないか。

†ジェイン・ジェイコブズ

「urbanist」の共通イメージをもう少し探ってみたい。アメリカの著名な都市計画ポータルサイト・プラネタイゼン（Planetizen）は、二〇一七年に、「最も影響力のあったアーバニスト一〇〇人」というリストを公開している。SNSを通じて広く集めた二〇〇人の候補者リストについて、ランク付け可能なアンケートフォームで投票を受け付けて最終的に決定したものである。

紀元前五世紀に活躍したギリシャ・ミレトスの都市計画家ヒッポダモスから、タクティカル・アーバニズムの主唱者として知られるマイク・ライドン、反自由主義経済を貫くジャーナリスト・活動家として知られるナオミ・クラインなどの一九七〇年代生まれの者まで、国籍（ただし残念ながら欧米圏のみ）、時代、性別（一〇〇名中、女性は一八人）の多様な人々がリストアップされている。そのリストの一番目は、ジェイン・ジェイコブズである。

ジェイン・ジェイコブズの代表的著作である『アメリカ大都市の死と生』（一九六一）は、当時の教条的なクリアランス型再開発や都市内高速道路建設等に真っ向から異議を唱え、地域生活者の視点に基づく都市計画への転換に大きな役割を果たした。

ジェイコブズ自身は都市計画や建築を専門的に学んだわけではなかったが、ニューヨークのグリニッジヴィレッジの一生活者としての都市観察力と、ジャーナリスト、ライターとしての筆の力が運動家としての彼女の活躍を支えた。当時、ニューヨークの都市計画の巨大な権力者であったロバート・モーゼスを相手とし、彼のプロジェクトを次々と中止に追いこんだという物語は、近年、映画化され、日本でも公開されたので、よく知られることになった。

ジェイコブズは、何よりも生活者としての自分に基盤を置いていた。彼女の中で、ニューヨークでの生活と都市づくりに関する主張とは強く結びついていた。生活者であり運動家でもあった彼女は、その後の都市計画のありかたに大きな影響を与えた。先のプラネタイゼンでは、「コミュニティが主導する都市計画の新しい時代の生みの親」と位置付けられている。生活者と都市計画の専門家の両義性を持つアーバニストの代表者として、彼女の名前が挙がるのは納得がいくだろう。

プラネタイゼンでリストアップされた一〇〇人の中には都市計画家や建築家が多いが、ジャーナリストや政治家、他分野の学者なども多数、名を連ねている。少なくともアーバニスト＝都市計画家ではない。かといって、アーバニスト＝単に都市を楽しむ人でもない。皆、都市に主体的に実践的に関わってきた人々である。

プラネタイゼンのリストに挙がっている人たちは「影響力を持った」人々で、いわば都市の歴史に名を遺す人々である。しかし、もちろん、アーバニストはそのような特別な人たちのことだけを指すのではない。むしろ、彼、彼女のまわりにはその何倍、何千・何万倍ものアーバニストたちが都市を生き、それぞれの都市をつくりあげてきたはずである。

†アーバニズムの実践者

ところで、都市計画家も都市デザイナーも建築家も、それぞれ都市計画、都市デザイン、建築を実践する人という意味を持つ。では、アーバニストは何を実践するのだろうか。少なくとも都市計画だけではないことは確認済みである。

ここで、アーバニストに続いて、「アーバニズム」という言葉、概念を導入することになる。つまり、アーバニストとは、アーバニズムの実践者であると考えてみたい。アーバニズムとは何か、ということについては、本書で追々述べていきたいと考えているが、大事な点は、アーバニズム自体が、その言葉の出自と関係して、二つの概念を併せ持っているということである。

「アーバニズム」という用語は、一九二〇年代のシカゴ大学を中心とした都市社会学の誕生とともに生まれた。特にその創成世代のひとり、ルイス・ワースが、人口規模、密度、異質性（不均質）が生み出す「都市の生活様式」と定義したことに端を発する事実概念（「～である」という事実性を表す概念）である。

一方で、現在、都市計画や都市デザインの世界で使われているアーバニズムは、単に

「都市の生活様式」、実態ではなく、こうあるべき、というビジョンやその探究という意味を持っている。その起源をたどれば、一九世紀末にフランスをはじめとする欧州のラテン系諸国で都市計画を意味する言葉として生まれた「ユルバニスム」に行きつく。

一九九〇年代初頭にアメリカで始まった脱自動車依存社会を目指すニューアーバニズム以来、そうしたビジョンと探究、つまり規範概念（「〜べきである」という規範性を表す概念）としてのアーバニズムの用例が数多く見られるようになった。この事実概念と規範概念、よりわかりやすく言うと、生活するという立場と計画するという立場の両方からの意味が重ね合わせられているところに、アーバニズムの特質がある。

このことが、辞書的記述の「都市計画の専門家」と「都市に住み、都会の生活を楽しんでいる人」の併記を説明する。本書では、両方が重ね合わされた領域で活動する人のことをアーバニストと呼ぶのである。

†まちづくりとどう違うのか

生活者が都市づくりに参画するという行為自体は、決して新しいものではない。例えば、そうした行為を指す言葉として、より身近な「まちづくり」がある。

わざわざ「平仮名」まちづくりと言われることもあるように、従来の「都市計画」や

「都市整備」といった漢字表記の堅い言葉に対して、「まちづくり」は柔らかい響きを持っている。その響きのとおり、まちづくりは、行政主体のハード事業中心の取り組みではなく、住民や市民も含めた多様な主体が協働で行う、ソフトな側面も含む取り組みである。

都市計画家の佐藤滋は、「まちづくりとは、地域社会に存在する資源を基礎として、多様な主体が連携・協力して、身近な居住環境を漸進的に改善し、まちの活力と魅力を高め、「生活の質の向上」を実現するための一連の持続的な活動である」[3]と定義している。同じく都市計画家の西村幸夫は、「まちづくりとは、地域に居住する人々のある一定の規模のまとまった集団が、その地域（その区切り方は問題によってさまざまであるだろう）を「わたしたち共通の家」のように見なし、家の整理や掃除をするようにその環境（のある側面）に介入していくことから出発する動き」[4]と表現している。

アーバニズムの実態は、このようなまちづくりと大きく変わるものではない。ただし、あえて違いを強調するとすれば、アーバニズムは集団を前提としていないことである。佐藤も西村もまちづくりを個人ではなく、地域社会、集団の行為として捉えている。それに対して、本書では、アーバニズムを個人から始まる主体的実践と捉える。

したがって、アーバニストはあくまで個人を指す。もちろん、アーバニズムがばらばらの個人プレイの集まりであるというわけではない。しかし、主体となる集団が通常、一定の地域における規範と合意によって形成されるまちづくりと異なるのは、アーバニストたちは共感と連鎖によって多様なネットワークを形成していくということである。特に情報技術の進展によって、誰もが発信者となりえる現在において、ネットワークのかたちはまちや地域を、そして国境をも容易に越えていく。

アーバニズムが、計画することと生活することとの両義性を強調する点も、これまでのまちづくりの見方と少し違いがある。先に挙げた西村は、都市計画＝プロフェッショナリズムに、まちづくり＝アマチュアリズム、ボランタリズムを対比させることで、まちづくりの特徴を説明している。

しかし、本書では、アーバニズムの担い手、つまりアーバニストについてはプロかアマかではなく、それらの繋がりの状態に着目している。仕事と生活の間にあるものを表す言葉としては「活動」が一番しっくりくるだろう。勤め先で支給されたものとは違う、もう一枚の名刺が表す活動（一枚では済まない人も多い）、淡々と繰り返す愛おしい日々の生活の中で、少しざわつきのある景色を見せてくれる活動、その仕事と生活が混じり合う汽水域としての活動こそがアーバニストたちの行為の中心にある。

都市計画とまちづくりとの関係においては、アウトプットかプロセスか、という対比の構図もある。都市計画はアウトプット中心、まちづくりはプロセス中心である。アーバニズムは運動であり、まさにプロセスそのものである。しかし、成果＝アウトプットとの対比概念としてのプロセスというよりも、大きな最終アウトプットではない、小さな無数の中間アウトプットの連なりとしてのプロセスとみることができる。

先の二項対立は、アウトプット＝空間、プロセス＝主体と読み替えることもできるが、アーバニズムは主体によって意味づけられた空間＝場所を主題とする。アーバニストたちの実践の多くでは、そうした場所が生み出され、そこから展開される。まちなかの古いビルの一階を借りて、内外装をリノベーションし、まちに開かれたカフェのようなシェアオフィスのようなアトリエのような店を開く、例えばそんなところからアーバニストたちの活動は始まる。その意味では空間的である。しかし、そのような場所は固定されず、絶えず変化を受け入れ、そして、変化を起こしていく。その意味ではプロセスである。

本書の後半では現代日本のアーバニストたちを具体的に紹介していくことになる。その人々の活動を見て頂いてから、ここで述べたアーバニズムやアーバニストの特徴に立ち戻ってもらえるといいかも知れない。

繰り返しになるが、従来的な都市計画との関係で言うと、アーバニズムはまちづくりと同じ地平にある。しかし、あえて、アーバニズムやアーバニストという言葉を本書で使っていくのは、まちづくりがこれまでに積み重ねてきた実績の上にある現在、そしてこれからの都市づくりの新しい輪郭を、一度、明確にしてみたいからである。

†三つの組み立て

二〇〇〇年代頃より、都市づくりの担い手の様相が変わり始めた。バブル崩壊後の長い経済不況を経験し、日本の社会全体が人口減少、超少子高齢化へと転じていく、経済・社会の大きな変化のうねりの中で、都市計画家たちは従来の公共セクターからの受注だけでなく、多様なセクターとの関わりを持つことが当然のように求められるようになった。

特に若い世代を中心に自由に活動を展開し、都市で事業を起こす都市計画家も増えてきた。大都市、中小都市を問わず、コミュニティビジネス、ローカルディベロッパーなどのかたちで都市や地域にこだわり、そこに深く入っていくビジネスパーソンも増えた。

従来のフィジカルプランニングとしての都市計画を支えていた建築や土木、都市工学などのバックグラウンドを持つ若者たちが地域の中で起業し、新たなサービスの提供を行うようになったのと同時に、これまでとは異なるバックグラウンド、例えば環境、教育、アート、文化、社会福祉などの様々な分野の若者たちが都市をフィールドに、活動を展開するようになってきている。

地域に基軸を置いているという点は従来のまちづくりと共通しているが、住民、市民と専門家という区分ではない。より水平的な関係にあり、ゆるやかにネットワークされている。生活者と専門家の役割の汽水域が広がってきているように見える。

本書では、このような都市づくりの担い手たちのことを、アーバニストとして捉え、その起源や展開、特徴を描き出していく。おそらく日本では、従来の都市計画家から活動領域を広げてきた人たちの中にも、都市とのかかわりが薄かった分野やテーマをバックグラウンドに持ちながら都市環境に積極的に関わるようになっていった人たちの中にも、アーバニストと自称している人はほとんどいないだろう。

そうした人々は、当然、それぞれの動機や理由があって都市に関わり合いを持っている。しかし、何か都市に向き合う共通の姿勢があるのではないか。また、多様なバックグラウンドからなる人々の都市に関わる際の技術や方法も様々であるに違いないが、何か基本的なリテラシーのようなものは抽出できるのではないか。

このように共通した姿勢やリテラシーの存在を仮定したくなるのは、実際に都市の中で次々と生まれてきている場所に、ある共通の質があると感じているからである。本書では、思想、技術、空間というよりは、ある人の個別具体の実践と切り離すことができない姿勢、リテラシー、そして場所、この三つが組み立てる立体像を、アーバニストと表現している。

頭の中で終始しがちな思想を実践、行動へ移す際に自ずと現れてくる姿勢、必要に応じ習得していく個々の技術というよりは基本的な素養（リテラシー）、そして、ユニバーサルな空間よりも人々の固有の経験や結びつきを包含する場所に着目して、アーバニストを論じていきたいと考えている。

†SDGsにプラスする

二〇一五年九月の国連サミットで採択されたSDGs（持続可能な開発目標）は、あらゆる都市が共通して持ちうる目標である。

特に相互に関連する一七の目標の中の一つ、「目標一一　住み続けられるまちづくりを」は、直接、都市づくりに言及したものであり、安全・安価な住宅の供給、公共交通機関の拡大、持続可能な都市化、文化遺産・自然遺産の保護・保全、防災、環境負荷、緑地や公共スペースなどのターゲットが明確に設定されている。経済、社会、環境面での持続可能な未来社会の姿の達成のためには、包摂的で安全かつレジリエントな都市に向けた取り組みが必須である。

SDGsの採択を受けて、政府は地方創生の推進をかかげ、SDGs未来都市、地方創生SDGs官民連携プラットフォームを通じた普及展開を図っている。環境（Environment）・社会（Social）・ガバナンス（Governance）要素も考慮した投資＝ＥＳＧ投資の促進のための環境整備も進み始めている。さらに、レジリエントな都市については、強靭なまちづくりとして、グリーンインフラをはじめとする防災・減災に関する様々な施策を、また循環共生型社会の構築に向けて、「パリ協定長期成長戦略」に基づく様々な施策を展開している。

では、本書で描こうとするアーバニストは、このＳＤＧｓとどのような関係にあるのだろうか。また、政府が進めている政策展開とはどのような関係にあるのだろうか。

現代のアーバニストの活動が、意識的にせよ、無意識的にせよ、持続可能な都市の達成に向けられていることはたしかである。そもそも持続可能な開発目標が、都市の存立基盤そのものを問うていることは誰もが実感していることである。したがって、アーバニストたちの活動は、ＳＤＧｓという共通言語を理解したうえで各地域ごとに繰り広げられる固有言語の世界ということになるだろう。

そして、その活動領域は、ＳＤＧｓの中では限定的にしか触れられていなかった文化や芸術に及んでいる。ＳＤＧｓは達成しなければならない持続可能な未来社会の姿を描いているが、アーバニストは、それに加えて、〝達成できるかもしれない、一人ひとりの可能性を引き出す創造的な未来社会の姿〟を描いている。

ＳＤＧｓの達成のために、それぞれの都市はきっちりとやるべきことをやる、政府はそれを政策として推進していく。アーバニストたちの活動は、それぞれの都市を、個々人の創造性で豊かに多様に彫塑していく。

望むべき未来の姿に関して「ＳＤＧｓ＋」という概念があるとすれば、そのプラスの部分を主に担うのが、まさにアーバニストなのである。ただしプラスとは付加的に過ぎないという意味ではなく、都市を生きる目的にもなりえる大切な価値のことである。生き続けるために生きるのではなく、生きるために生き続けたい。ＳＤＧｓの時代だからこそ、今、もう一度、都市の原点をしっかり見つめることが必要である。

†都市が人を生み、人が都市を生む

本章では、本書が掲げるアーバニスト、そしてアーバニズムの基本的な意味を説明し、そのイメージを提供してきた。ウォーミングアップとしてはここまでで十分であろう。本書は豊かな生き方を生み出し続ける都市におけるアーバニストの歴史と現在を描き出す。

続く第1章では、アーバニストを歴史的に理解するために、アーバニズムについて、主に欧米を中心にその起源と展開を概観する。都市計画としてのユルバニスムと、生活様式としてのアーバニズムが重なり合っていく過程を説明することになる。

第2章では、日本におけるアーバニストへの展開を、都市計画家のありかたの変遷を一つの軸として記述していく。続けて、第3章では、そうしたアーバニストへの展開を支えたものとして、より広い分野にまたがる都市肯定論者たちの実践を跡付けていく。

これらの章ではアーバニストを歴史的に位置づけることを目的として、都市をつくる側と生きる側との関係、特にその両者の境界、壁を意識的に解きほぐそうとした人たちに注目する。ここまでがいわば歴史編である。

第4章から第6章は現在編である。アーバニストの実像を描き出したい。

第4章では、都市計画家をはじめとする都市づくりの専門家たちがどのようにアーバニスト的な実践者へと展開していっているかを把握する。

第5章、第6章は、従来の都市づくりの専門家とは異なるバックグラウンドからの都市づくりへの参入として、それぞれビジネスとアーバニストとの関係、アートとアーバニストとの関係を主題とする。ビジネスやアートの分野から立ち上がるアーバニスト像を見出していく。

以上を踏まえて、第7章では、アーバニストを通じてみたこの都市の将来のありよう、可能性について検討してみる。冒頭で紹介した建築家のリチャード・ロジャースは、著書『都市——この小さな国の』で、次のように書いている。

都市に住み、働くことは、都市問題解決への、参加のはじまりである。都市が発展するのは、デザイナーや発明家、起業家が日々都市問題に直面し、それに対して提案をするからである。都市に住んでいれば、彼らは自分たちが創ったもののユーザーと常に出会い、混じり合って生活をすることになる[5]。

この文章自体は専門家にとっての都市での生活の意義を説いたものだが、プロセスとしては、生活者が都市づくりの専門家になっていくということも当然ある。それは、まちづくりの経験が証明していることであるが、そもそもあらゆる専門家は、専門家になる前は皆、一生活者であった。

本書の最後では、この「都市が人を生み、人が都市を生む」という循環的なプロセスを、アーバニストを通じて展望してみたい。

第1章

アーバニズムの起源とその展開

中島直人

日本語の「都市計画」に対応する言葉やその内容は、当然、国によって異なる。欧米諸国に限っても、アメリカはシティ・プランニング（city planning）やアーバン・プランニング（urban planning）、イギリスはタウン・プランニング（town planning）、ドイツではシュテッドプラーヌン（Stadtplanung）である。

これらは都市や街を計画するという言葉の組み合わせという点では日本語の「都市計画」に近いと言えるが、それはそもそも「都市計画」という日本語はこれらの用語の翻訳語として、大正時代に誕生したものだからである。

しかし、同じ欧米諸国でも、フランス語ではユルバニスム（urbanisme）、スペイン語ではウルバニズモ（urbanismo）、イタリア語ではウルバニスティカ（urbanistica）となる。このラテン語の〝urbs〟（都市）を語源とする語群が、アーバニズムの直接の起源ということになる。

ユルバニスムの歴史を考察した建築家の松田達によれば、フランス語においてユルバニスムが初めて定義されたのは、一九一〇年のヌシャテル地理学会報におけるポール・クレジュによるもので、「居住、特に都市居住を、人類の要求に適合させる方法の体系的な研究」[1]というものであったという。フランスにおけるユルバニスムは、シティ・プランニングやタウン・プランニングと同様の都市計画という意味を持つが、一方で、包括的な都市学、つまり歴史、地理、社会、経済、法律、芸術などの様々な分野を包括する学問でもある。技術としての都市計画に留まらず、思想や理念も含んでいる。

本章では、この欧州発の都市計画＝ユルバニスムが第二次世界大戦中および戦後にアメリカに渡り、一九二〇年代から三〇年代にかけて、草創のアメリカ都市社会学が生み出したアーバニズムからの流れと合流しながら現在に至る過程を跡付ける。それにより、現代のアーバニズムの両義性を歴史的な視点で説明していきたい。

1　ユルバニスムの誕生と発展

†一九世紀——都市の整序化からユルバニスムへ

フランスの都市計画史家のフランソワーズ・ショエは、『近代都市——19世紀のプランニング』（一九八三）にて、ユルバニスムの系譜を整序化からプレ・ユルバニスム、そして、ユルバニスムへという流れで描いた。ユルバニスムは、それが定義される以前から、都市改造の実践として、一九世紀にすでに姿を現していたと説いた。

ショエによれば、整序化とは、産業革命以降の都市社会・構造の大きな転換を背景として生まれた都市改造の実践のことである。それは眼前の都市環境の無秩序を問題とし、主に交通のサーキュレーションを主眼において秩序を構築する取り組みであった。

例えば、ナポレオン三世の治世下（一八五二―一八七〇）、フランス・セーヌ県知事のジョルジュ・オースマンが主導したパリの大改造がよく知られている。人口が急増し、中世以来の市壁で囲まれた市街地の衛生環境が悪化する中で、オースマンは、狭小で屈曲した街路を拡幅し、直線化することを目指した。そして、オペラ座などの重要な施設をアイストップとして配置し、直線状のブールバールの沿道の土地に統一された街並みを生み出す集合住宅を建設した。併せて郊外の公園や墓地、上下水道の整備も行ったのである。

一九世紀の中頃から終盤にかけての、中世都市を近代都市へと改造していく事業を展開した都市としては、市壁を撤去して環状道路（リングシュトラーセ）と官庁街を建設したウィーン、旧市街はそのままに、その周辺にグリッド状の都市拡張計画を実施したバルセロナなどがよく知られている。

ショエは、当時の包括的な整序化として、これら以外のフランスやドイツ等の欧州各都市の事例を挙げるとともに、部分的な整序化として、イギリスのエドウィン・チャドウィックによる都市大衆に余暇と安息をもたらす都市公園の提唱や、アメリカのフレデリック・オルムステッドによるニューヨークのセントラルパークを代表とした公園運動などに

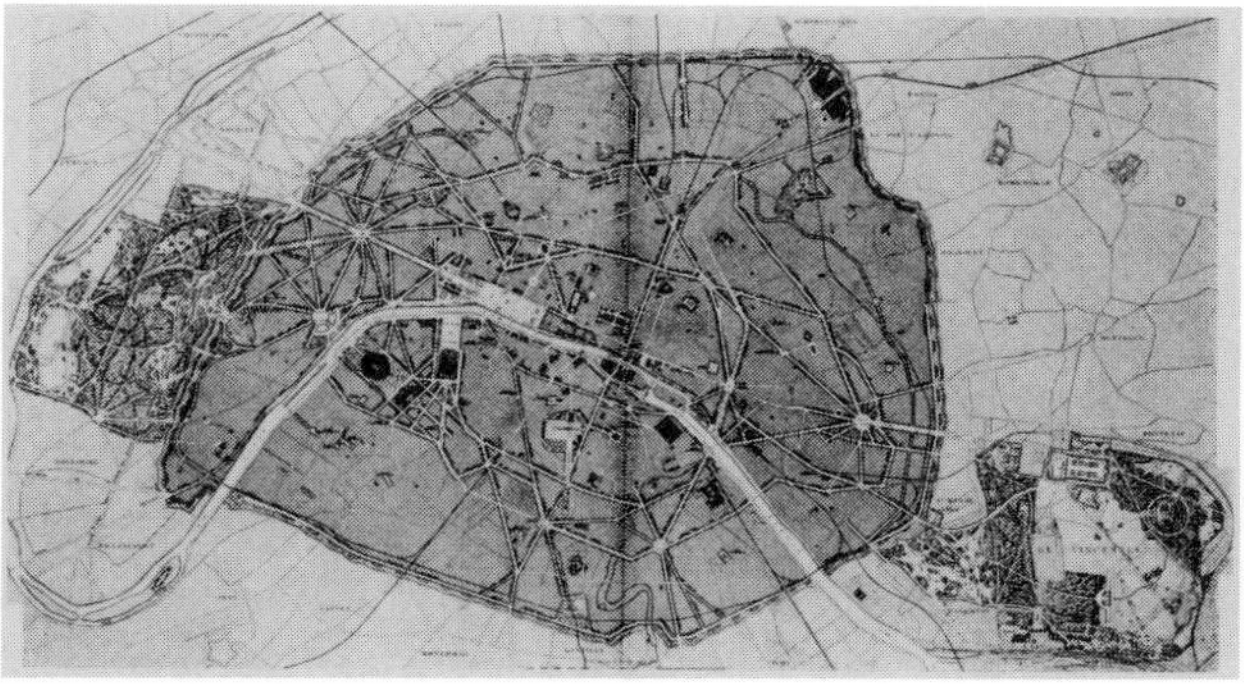

図 1-1　オースマンのパリ改造計画

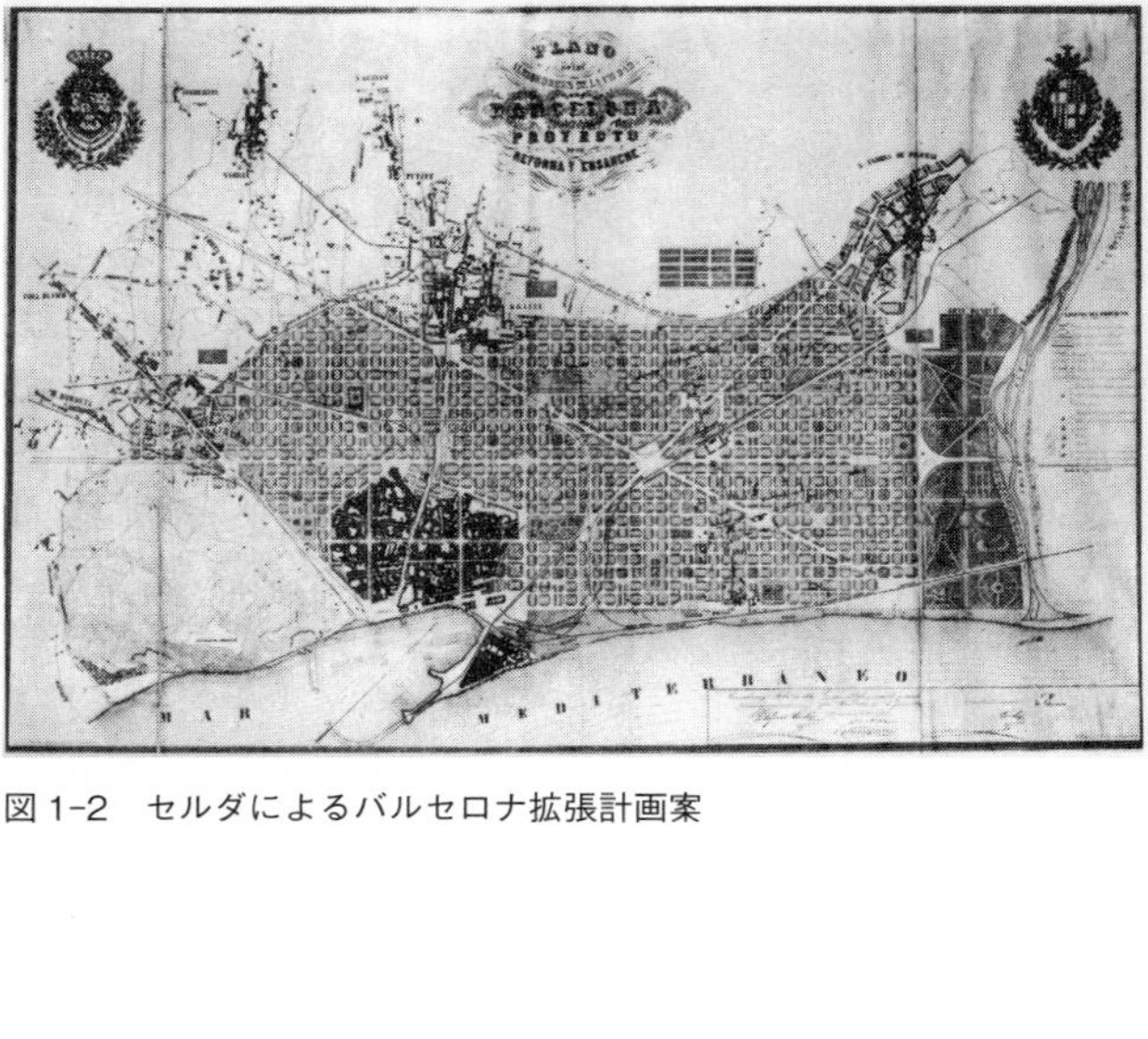

図 1-2　セルダによるバルセロナ拡張計画案

も言及している。

こうした中で、都市空間への介入技術の前提として、包括的な都市学の体系化を試みたのが、一九世紀半ばのバルセロナの都市拡張計画を立案、指揮したイルデフォンソ・セルダであった。ショエは、セルダが一八六七年に出版した『都市計画の一般理論』に注目した。そして、この書籍に代表される当時の都市改造事業の意図や根拠に関する理論的な説明に共通する特徴として、①歴史的モニュメントや過去の保存という概念の創出、②自然科学からの援用による都市の構成要素の分類化とシステム化、③交通と公衆衛生の重視を見出した。

セルダは自身が整理した新たな探究領域に、新語としてウルバニザシオン（urbanizacion）を与えた。このウルバニザシオンを起点として、〝urbs〟由来のユルバニスム、ウルバニズモ、ウルバニスティカが生まれていくのである。

ただし、一九世紀半ばの都市改造や都市拡張の実践は、あくまで都市の無秩序への対処の中で潜在的な秩序を見出した段階に留まっており、秩序そのものをモデルとして前提とするものではない。ショエによれば、「ユルバニスムという用語は、この隠れた秩序をつきつめて議論し、究極的には新しく差異づけられた秩序をア・プリオリに構築することへと向かう過程を描くために用いられる」のである。

そのような意味でのユルバニスムは、最初に秩序そのものを理論的にユートピアとして構築したプレ・ユルバニスム期を経て、一九世紀末に誕生することになる。

†急進派と文化派

一九世紀末に生まれたユルバニスムには、進歩的な社会観から生まれたモデルと、文化的なコミュニティの見地から提唱されたモデルの二つがあった。前者が急進派、後者が文化派である。

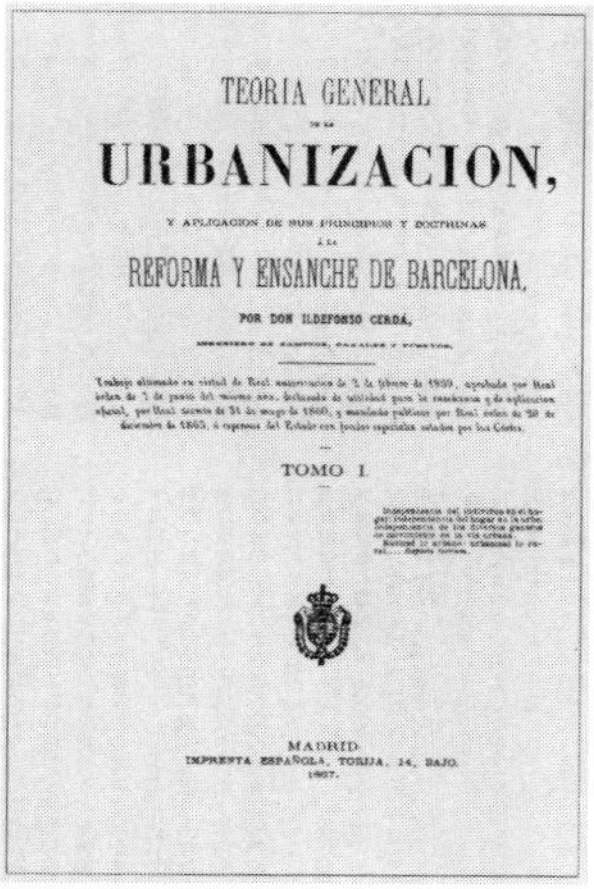
TEORIA GENERAL

URBANIZACION,

REFORMA Y ENSANCHE DE BARCELONA,

POR DON ILDEFONSO CERDA,

TOMO I.

MADRID.

1867.

図1-3　セルダの『都市計画の一般理論』表紙

急進派は、イギリスの工場経営者ロバート・オーウェンやフランスの思想家シャルル・フーリエなど、今日では「空想的社会主義者」と呼ばれる人々のユートピアに端を発する。その空間モデルは、旧来の都市が持つ秩序や無秩序とは無関係に展開された。

例えば、オーウェンの一二〇〇人の労働者のためのモデル都市は、四〇〇一六〇〇ヘクタールという広大な四辺形の土地に展開した自給自足的コミュニティであった。中心のオープンスペースを宿舎や共同施設、さらには工場、作業所などが囲んでいた。フーリエは、やはり千数百人の居住者が構成する協同組合が運営するモデル・コミュニティを建築化したファランステールを提案した。

こうしたモデルが理論的に深化するのは、二〇世紀に入ってから、特に第一次大戦後の政治的イデオロギーとの密接な関係のもとであった。スペインの共和主義者ソリア・イ・マータによる線状都市、過激社会主義のリヨン市長のもとで市嘱託建築家を務めたトニー・ガルニエの工業都市などが知られている。

一方で文化派と呼ばれるのは、革命のヴィジョンではなく、都市の歴史的な経験（特に中世都市）に近代都市の批評の原点を置いた人たちで、そのモデルは一見するとノスタルジアの様相を持つ。

例えば、イギリスのジョン・ラスキンやウィリアム・モリスら、今日では「共同体社会主義者」[2]と呼ばれる人々の思想と実践に原点を見ることができる。彼らのアーツ・アンド・クラフツ運動は、単に産業化、工業製品化に対するギルド的手仕事の復権に留まらず、その対象は都市へも及んだ。芸術の概念を拡げ、巨大な都市の組織と装飾に応用することを目指し、啓蒙活動を展開した。

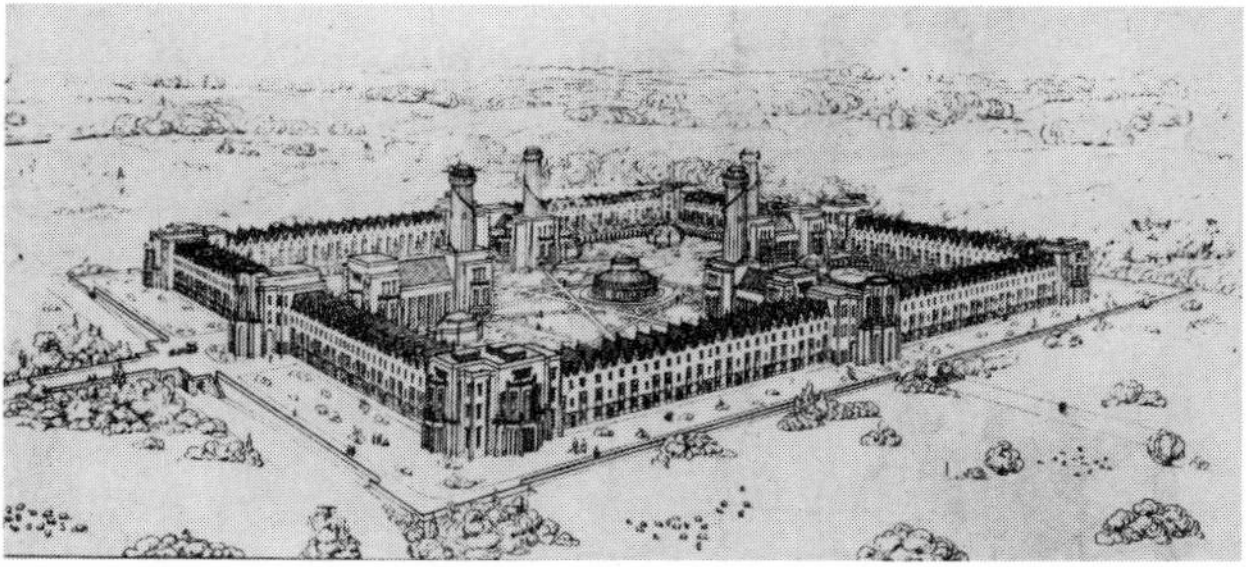

図 1-4　オーウェン主義のコミュニティ計画

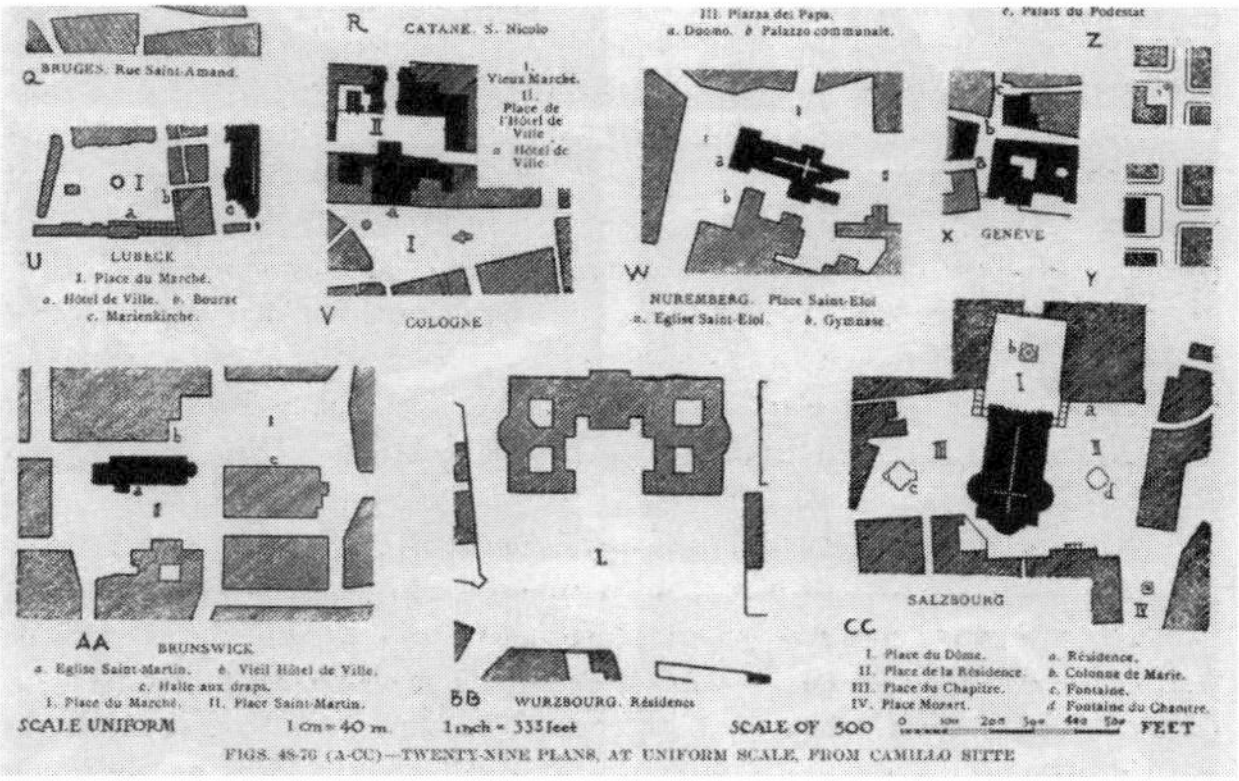

図 1-5　カミロ・ジッテによる広場分析

文化派のプレ・ユルバニスムを実践へと展開させたのは、ウィーンの建築家、都市計画家であるカミロ・ジッテである。オースマンのパリの大改造以降の欧州都市の都市改造への批判を意図して一八八九年に出版した『芸術原理に基づく都市計画』は、翻訳の邦題が『広場の造形』となっていることからもわかるように、欧州の中世的都市空間のありかたを、広場とその周囲の建物との有機的関係の分析を中心に記述したものであった。ジッテによる「都市組織」の発見が、文化派の思想をモデルへと展開させたのである。

ジッテのこの思想と実践的な都市計画への提案が全欧州に影響を及ぼすようになるのは、二〇世紀に入ってから、イギリスの都市計画の祖、パトリック・ゲデスやレイモンド・アンウィンによる英語圏への紹介を待つことになる。しかしその間に、共同体的社会主義を受け継ぎながら、都市経営モデルとして提示されたエベネザー・ハワードの田園都市論の誕生を経て、現実の都市空間への批評に基づく実践的な計画技術が確立していった。

特に、市政学や都市調査に基づく方法論を提示したパトリック・ゲデスの貢献は特筆されるべきであろう。生物学を修めたゲデスは、都市を進化するものとして扱い、その診断を重視し、社会学的な視点からの調査手法を確立させた。ただし、ジッテやハワード、ゲデスらが織りなすこれら一連の展開は、その中心の地理的位置からして、ユルバニスムという用語よりも、プランニング、あるいはドイツ語のシュテッドバウという用語に紐づけられて受容されていったのである。

†ル・コルビュジエの登場

では、ユルバニスムはどこへ行ったのだろうか。フランスでは、一九一九年、第一次大戦後の復興の機運の中で、アンリ・セリエとマルセル・ポエトがユルバニスムの研究機関として都市高等研究所を開設した。この研究所は、後にユルバニスム研究所に改組し、都市学としてのユルバニスムの展開に大きな役割を果たしていく。

しかし、ユルバニスムという言葉の意味内容を最大限に自分のものとし、提示したのは、一人の建築家であった。ル・コルビュジエである。彼が一九二四年に出版した『ユルバニスム』は、二〇世紀前半の急進派の到達点であり、その後のモダンムーブメントの出発点となった。

『ユルバニスム』は、第一部「総論」、第二部「研究室の仕事、理論的な探究」、第三部「明確な場合、パリの中心」の三部構成をとっている。これまでの都市の歴史の総括と大都市という新しい現象の位置付けを行ったあとで、彼が二年前に発表していた「人口三百万人の都市」に基づいて「現代の都市計画の基本原理」が説明され、さらにそれをパリの中心に適用した「ヴォアサン計画」が提示される。人間の意志を象徴する幾何学＝直線に重きを置き、大都市における混乱を、自動車を中心に置いた交通計画とスーパーブロックにおける高層建築と広大な空地の確保により解決する＝タワー・イン・ザ・パークという提案が、コルビュジエ固有の詩的な表現や、各種統計データ等を用いながら、体系的に説明されている。コルビュジエという一人の人物の中で理論と設計とを一気通貫する都市計画論が練り上げられ、ユルバニスムとして世間に問われたのである。

コルビュジエが提起したユルバニスムは、ヨーロッパの建築家たちが組織した近代建築国際会議（CIAM）を通じて、さらに発展していくことになった。

とりわけ、一九三三年にマルセイユとアテネとを往復する船上で開催された第四回会議では、都市計画の原則＝アテネ憲章が採択された。都市を住居、レクリエーション、業務、交通の四つの機能の集合体として捉え、ゾーニングによって都市を構成していくことが確認された。コルビュジエが自動車時代の都市として既に提示していたように、足元に十分な空地をとった高層集合住宅群が一定規模の住区を成す居住ゾーン、ヒエラルキーが明確な交通体系などが前面に提示された。

CIAMでは、歴史的な街区の保存も話題に挙がったが、それらは現代都市とは無関係のものであり、既存の都市を新しい原則のもと全面的に再開発を行う方向へと議論は進んだ。

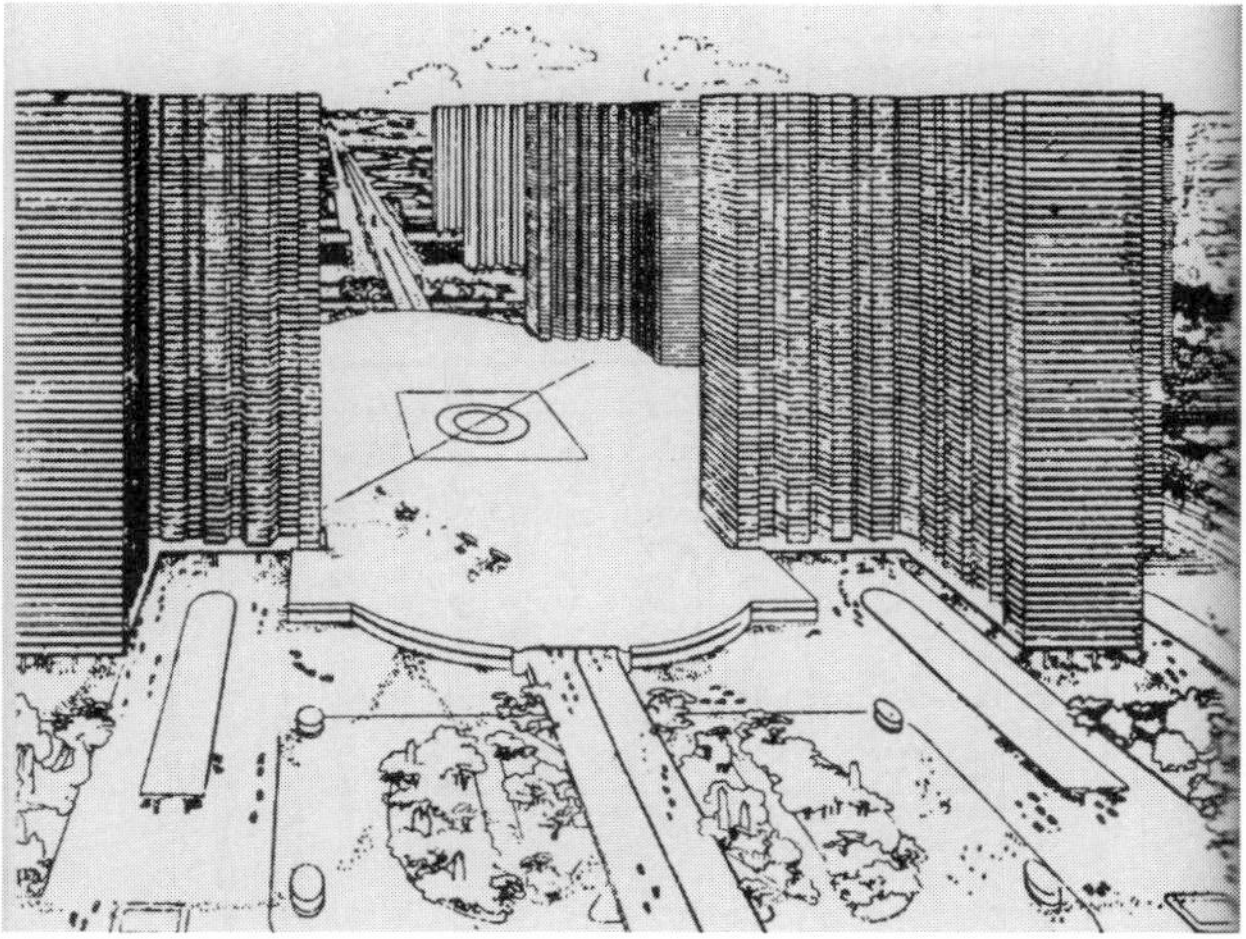

図 1-6　ル・コルビュジエの現代都市

ただし、都市の歴史的伝統を持つ欧州において、コルビュジエが提示したような超高層の都市像は容易に実現されるものではなかった。そして、次第にナチスドイツを中心に、再び、欧州に戦争の暗雲が立ち込めるなかで、ドイツにおけるモダンデザインの教育機関であるバウハウスを創設したヴァルター・グロピウス（一九三七年にハーヴァード大学教授）や同じくバウハウスの三代目校長のミース・ファン・デル・ローエ（一九三八年にアーマー大学、後のイリノイ工科大学教授）、スイスの建築史家のジークフリート・ギーディオン（一九三八年以降、毎年ハーヴァード大学で講義）らCIAMの主要メンバーたちは、活躍の場を求めて次々とアメリカに渡っていったのである。

2 アーバニズムとアーバンデザイン

†「アーバンデザイン」の誕生

コルビュジエやCIAMが培ったユルバニスムは、まずはアメリカの大学での建築教育の現場に持ち込まれた。

一九四〇年代半ばから戦後一九五〇年頃にかけて、CIAMのユルバニスムも修正されていて、特に歩行者への新しい関心が芽生えていた。そうした新しい傾向を持ったユルバニスムをアメリカにおいて定着させる決定的な役割を果たすことになったのが、戦前はバルセロナで活躍し、一九四七年にCIAMの議長に就任していた建築家のホセ・ルイ・セルトであった。

スペイン人のセルトは、この時期、南米諸都市の都市計画に関与していたが、そこでは中庭型の低層長屋建築による歩行者中心の近隣住区を提案するようになっていた。そのセルトがグロピウスの後を継ぐかたちで、一九五三年にハーヴァード大学デザイン大学院の学部長に就任することになった。

アメリカでは、モータリゼーションの進行、中産階級の郊外脱出により、都市中心部の荒廃が進んでおり、面的な再開発が必要とされるようになっていた。その際、建築でもランドスケープでも、そして既存の都市計画でもない、それらをつなぐスケールのデザインを担う人材の育成が急務となっていた。

セルトは、そうした社会状況を背景として、歩行者を意識する方向に修正したCIAM流ユルバニスムを、ハーヴァード大学での教育の中心に据えた。しかし、その建築、ランドスケープ、都市計画を架橋する新しいデザイン領域に、新しい名前を付けることにした。「アーバンデザイン」である。

初めてアーバンデザインという用語を公に使った一九五三年の講演会で、セルトは前の世代の都市計画家たちを「アーバニズムというよりもサバーバニズム（郊外主義）だ」[3]と批判している。セルトのアーバンデザインは、アーバニズムと接続するものであったが、ここでのアーバニズムの意味はユルバニスムとは異なることに注意したい。次の節で見る都市社会学の文脈から理解すべきである。

セルトは一九五六年にハーヴァード大学デザイン大学院主催で第一回アーバンデザイン会議を開催し、以降、毎年この会議を開いては、実践家や理論家を招聘し、アーバンデザインの概念の構築と都市論の芳醇化を試みた。とはいえ、都市計画に関する総合的な原理と学問を意味していたユルバニスムは、アーバンデザインという名のもと、ややデザイン領域に焦点を限定するかたちで、受容されることになったのである。

ニューメキシコ大学のマーク・チャイルズは、米国議会図書館のオンライン・カタログをもとに、年代ごとのアーバニズムとアーバンデザインをキーワードとする書籍数を集計している（表1-1）。都市計画分野に限ってみた結果によれば、一九六〇年まではともに数は少なく、差がなかった二つの言葉は、一九六〇年代に大きく差がついた。アーバンデザインという言葉が定着していったのである。

以降、一九九二年までは、少なくとも数の上ではアーバンデザインがアーバニズムを圧倒する。都市計画分野においては、ユルバニスムを直接想起させるはずのアーバニズムは、アーバンデザインの陰に隠れたかたちとなった。

そうした中で、イェール大学の美術史家のヴィンセント・スカーリーが一九六九年に出版した『アメリカの建築とアーバニズム』は、アーバニズムという言葉を前面に使用した数少ない書籍の一つであった。のちに都市計画分野におけるアーバニズム復権をリードすることになるニューアーバニズム運動の一つの原点となる書籍でもある。

この本の後半では、当時のアメリカ中心部の都市再開発に関して、「郊外は都市の中に

	キーワード「urbanism」		キーワード「urban design」	
出版年	**総数**	**「都市計画」関係書籍**	**総数**	**「都市計画」関係書籍**
1900 - 1952	8	1	4	2
1953 - 1960	4	1	4	0
1961 - 1968	12	5	42	18
1969 - 1976	44	7	172	55
1977 - 1984	33	4	213	61
1985 - 1992	33	11	138	51
1993 - 2000	65	24	172	54
2001 - 2008	197	64	347	118

表1-1　米国議会図書館におけるurbanismおよびurban design関連の書籍数

持ち込まれ、都市はその代わりに郊外に撒き散らされる」と明確な批判がなされている。セルトが「アーバニズムではなくサバーバニズムだ」と喝破したのと同型の批判である。大学教育の場でアーバンデザインが定着していった一方で、現実の都市計画はそう変わることなく、続いていた。

なお、このスカーリーの書籍の翻訳を担当した香山壽夫は、あとがきで「アーバニズムという語に対する日本語としては、都市性、都市主義といった訳語があてられる場合もあるが、本書においては、狭くは都市計画という意味で、広くは都市に対する意識あるいは態度という意味で用いられている」と、すでにアメリカでは二つの意味を有して使用されていることを指摘している。

次の節で見るように、この時期までに、都市社会学の中で、アーバニズム論が蓄積されてきていたのである。少し時代を戻して、アメリカの都市社会学におけるアーバニズムの誕生と展開を見ていくことにしよう。

†シカゴ派社会学

一九世紀、産業革命を契機とした都市部への人口集中、都市問題の発生、大都市の出現といった現象に、都市の近代化を目標に掲げてその物的環境に意識的に介入したのが都市計画であり、ユルバニスムであった。しかし、この大都市を対象としたもう一つの新しい学問が、都市計画から半世紀ほど遅れて誕生する。都市社会学である。

アメリカでは、全米第二の人口を誇ったシカゴのシカゴ大学で一八九二年に創設された社会学科が、都市社会学の発祥の地となった。一九二〇年代には、ロバート・E・パークとアーネスト・バージェスというふたりの突出した社会学者に牽引されて、次々と新鮮な都市研究のモノグラフが出版された。それらはのちにシカゴ派社会学と呼ばれるようになった。

パークは『都市』(一九二五)において、人間社会に固有の道徳的秩序に基づくソサイエティの視点から、都市の社会組織、心理、気質を対象として、都市社会学の様々な論点を提示した。一方、バージェスは『都心の成長』(一九二五)において、都市地域を、中心業務地区から通勤者地帯までの五つの地帯の同心円状構造として把握した。この同心円地帯理論は、都市拡大の動態を説明するものであった。これらの成果を中心に形成されていったシカゴ派社会学の最初の理論的総括を行ったのが、バージェスやパークの教え子でもあった、ルイス・ワースであった。

一九三一年から母校の教員となったワースは、一九三八年に「生活様式としてのアーバニズム」(Urbanism as a Way of Life) という論文を発表した。このアーバニズムをタイトルに据えた論文で、都市の特性を規模、密度、社会的異質性の三点で捉え、この三点と都市での生活様式との関係を理論的に考察した。ワースはすでに都市大衆社会に突入していた一九三〇年代において、都市における社会の解体、紐帯の喪失が社会病理をひきおこすという問題に応答する社会学の理論を、当時、勃興しつつあった人間生態学の観点にもとづき打ち立てようとした。その際に、都市での人々の振る舞い、生活のしかたをアーバニズムと名付けたのである。

秩序そのものをモデル化した規範概念としてのユルバニスムとは違い、ワースのアーバニズムは事実概念であった。ワースは、「生活様式としてのアーバニズムの場所は、われわれが都市の定義として提示する要件を満たす場所において特徴的に見いだされるはずであることはもちろんであるが、アーバニズムはそのような場所に限られるわけではなく、都市の影響が及ぶところではどこでも、さまざまな程度においてあらわれるものである」と述べつつも、「とくに大都市にもっとも顕著にあらわれる」と関心の対象を明確化した。

†アーバニズム論の批判的検討

ワースが提起した生活様式としてのアーバニズムの理論は、その後の都市社会学の発展に大きな影響を与えた。それはもちろん、よくも悪くも単純明快なワースの理論に対する批判的検討が続いたからである。ここでは、社会学者の赤枝尚樹の整理を紹介するかたちで、ワース以降の都市社会学におけるアーバニズムの検討が、都市のイメージをネガティブな面からポジティブな面に引き上げていったことを指摘しておきたい。[4]

ワースの議論では、都市生態学的な立場から、都市が第一次紐帯＝コミュニティの喪失を引き起こし、さらには個人の無力感や孤独感が増大していくという点を強調した。そのため、アーバニズムはネガティブなイメージを提示していた。

これに対して、都市のフィールドワークを通じて、農村と同様のコミュニティが都市でも見られることを主張したのが、ウィリアム・フート・ホワイトの『ストリート・コーナー・ソサイエティ』（一九四三）や、ハーバート・ガンズの『都市の村人たち』（一九六二）

であった。

彼らは、こうしたコミュニティの存続に加え、個人に与える影響も都市と農村で違いはなく、違いが見られるとしたら、都市と農村の個人属性の分布の差に過ぎないことを明らかにした。社会解体は起こっていない、都市と農村に違いはないというイメージを提示したのである。しかし、こうした非都市生態学的な立場からの議論は、都市のネガティブなイメージの中和の役割を果たした一方で、都市的生活様式としてのアーバニズムの存在そのものを否定することにもつながりかねなかった。

ホワイトやガンズに続く世代の都市社会学者であるクロード・フィッシャーは、『友人のあいだで暮らす――北カリフォルニアのパーソナル・ネットワーク』(一九八二)や『都市的体験――都市生活の社会心理学』(一九八四)といった著作において、ワースのアーバニズム論を理論的、経験的に再検証した。

フィッシャーは、都市が個人に無力感や孤独感を与えるという点を否定する一方で、都市では非伝統主義的傾向が確認されるとした。そして、人々のつながりを社会的政略のもとでの合理的選択と捉える「選択―制約モデル」の観点から、人口の多い都市における選択性の高さに注目し、同じ価値観を供する人々とのつながりを選択するという同類結合原理に基づいて、都市におけるそうした同類結合が多様な下位文化の発展を促すのだと議論を展開したのである。

あわせて、都市では非親族間での紐帯が強まることも指摘し、そうした都市において、個々人が伝統的な規範にとらわれない行動様式をとるという傾向を非通念性という概念によって説明した。この非通念性は、創造性や革新性と結びつき、都市にポジティブなイメージをもたらすことになった。

都市社会学において、ワースが都市的生活様式として提起したアーバニズムは、一度、その存在が否定されかねない方向の検討がなされたが、その後、再び、下位文化論という新しい視角を追加して再浮上したのである。そして、その経過を通じて、都市のイメージ、そしてその都市の事実概念であるアーバニズムは、ネガティブなものからポジティブなものへと転換が図られた。

この転換は、単に都市社会学という狭いアカデミックな中での話に留まるものではなかった。アメリカの都市づくりにおいて、アーバニズムの復権が始まっていたのである。

†ニューアーバニズム運動

一九八二年、元サンフランシスコ市都市計画局長で、当時、カリフォルニア州立大学バークレー校で教鞭をとっていた都市デザイナーのアラン・ジェイコブスは、同僚の都市研究者のドナルド・アプリヤードと連名で、「アーバンデザインのマニフェストに向かって」という論考を発表した。

CIAMのアテネ憲章から半世紀、さらに「アーバンデザイン」が誕生してから二〇年が経過しており、二人はアーバンデザインについての新たなマニフェストが必要だとの問題意識を持っていた。現代のアーバンデザインが主題とする目指すべき日常生活のもつ性質を「暮らしやすさ」、「本物性と意味」、「機会へのアクセス、想像力、楽しみ」、「都市の自立」、「皆のための環境」と再提起し、そのうえで、アーバンデザインの手法として、「生き生きとした街路と近隣」、「最低限の人々の密度」、「諸活動の統合」、「空間を占拠するのではなく、公共空間を規定し、囲い込むような建物の配置」、「複雑な配置と関係を有する多様な建物や空間」を提案した。かつてコルビュジエが示したスーパーブロックに超高層を並べるタワー・イン・ザ・パークの都市像を否定するのみならず、セルトらによって歩行者を意識して修正されたアーバンデザインの内容をさらに発展させていくものであった。

一九九〇年代に入ると、こうして提起されたアーバンデザインの方向性に向かって、一つの大きな都市づくりのムーブメントがアメリカで生まれてくる。脱自動車依存型の郊外開発から始まるニューアーバニズム運動である。

一九九三年に設立されたニューアーバニズム会議が採択した「ニューアーバニズム憲章」(一九九六)では、都市中心部への投資抑制、場所性を失ったスプロール現象の広がり、人種や所得による分離の増加、環境悪化、農地や原生地域の喪失、地域の建築遺産の滅失などを、相互に関連するコミュニティ形成の課題として捉えるとし、地域(大都市・都市・町)、近隣・地区・コリドー、街区・街路・建物のそれぞれのスケールごとに原則を掲げた。

そして、地域にアイデンティティを与える成長限界線、地域の公共交通計画と土地利用を結びつける公共交通指向型開発(TOD)、半径四分の一マイルの近隣住区を基本とした伝統的近隣住区開発(TND)など、自動車普及以前の都市の姿に範を見出しつつ、現代の技術や生活に適合する様々な概念や手法が提唱され、実践されていった。

なぜ、この脱自動車依存社会の都市へ向けた運動は、「新しいアーバンデザイン」ではなく、「新しいアーバニズム」であったのか。その理由は、問題意識が都市そのもののあり方を根底的に問い直すということであり、新たな都市形態や空間デザインに留まらず、新たな生活様式の探求という側面を有していたからだとみてとれる。

ニューアーバニズム運動の理論家として知られるシカゴ大学のエミリー・タレンは、二〇〇五年に出版した『ニューアーバニズムとアメリカの都市計画』という書籍の中で、アメリカ社会において、アーバニズムは単純に「大都市での生活」、あるいは「自然と正反対のもの」と定義されることがあるが、そのような定義は居住地の問題の解決には役立たないと指摘した。そして、密度の計算や建ぺい率などを超えた視野が必要であるとし、アーバニズムを「ある確立された原理に沿って展開される、(アメリカにおける)最良の居住地を実現させるためのビジョンと探究」と定義しなおした。

「原理」とはニューアーバニズム運動が掲げる、多様性、公平性、コミュニティ、接続性、公共空間の重要性のことであった。ニューアーバニズム運動は、都市社会学で都市のイメージをネガティブなものからポジティブへと展開させてきた都市の生活様式としてのアーバニズムの意味内容に留まらず、さらに都市問題解決のためのビジョンとその探究というアーバンデザインの動的要素を組み入れたのである。ここに、アーバニズムの規範と実態の両義性という、この言葉の持つ構想力の直接的な由来を見出すことができる。

3　アーバニズムの多元化

†多様で多元的なアーバニズムへ

先に紹介した、マーク・チャイルズによる米国議会図書館のオンライン・カタログに基づく年代ごとの「アーバニズム」と「アーバンデザイン」をキーワードとする書籍数の変遷（表1-1）によれば、一九九〇年代から二〇〇〇年代にかけて、アーバニズムをキーワードに含む書籍数は大きく増加し、アーバンデザインとの相対的な普及度は近づいてきた。ニューアーバニズム運動がアーバニズムの普及に大きな貢献を果たしたのはたしかだが、単にニューアーバニズムという用語を使う機会が増えたというだけではなく、アーバニズム自体にも多様性が生まれていったのである。

ミシガン大学のダグラス・ケルバーは、二〇〇三年から二〇〇四年にかけて、ニューアーバニズムと、エブリデイ・アーバニズム、ポスト・アーバニズムを対置させるディベートを企画した。前者はハーヴァード大学のマーガレット・クロフォードらが提唱したフォーマルな公共空間ではない日常空間に変革の可能性を見出すアーバニズム、後者は建築家・建築理論家のピーター・アイゼンマンらポスト・モダニズムの建築家たちの提案的なアーバニズムである。

ほかにも、都市の将来を巡る議論を活性化させるための様々なアーバニズムの整理が行われた。そうした中で、建築・土木的インフラに代わって、ランドスケープ的インフラが都市計画の基盤となるとしたランドスケープアーバニズム、実現のプロセスに着目し、社会実験などの戦術を駆使して空間を変えてみせるところから構築していくタクティカルアーバニズムなどが、大きな注目を集め、ムーブメントを形成した。

アメリカを代表するアーバンデザイナーのジョナサン・バーネットは、二〇一一年にアメリカ都市計画協会の機関誌に寄せたエッセイの中で、アメリカにおいて、都市計画、アーバンデザイン、アーバンスタディーズ、都市史、都市社会学などそれぞれ別々であったものたちが、少なくともアカデミックな議論の場ではアーバニズムという用語で包括されてきていると指摘したうえで、六〇ものアーバニズムを集め、システム、グリーン、伝統、コミュニティ、社会政治、ヘッドラインという六つに分類した（表1-2）。

さらに建築家のドンセイ・キムは、「北米では、この二〇年ほどの間、異種の形容詞をともなった様々な「アーバニズム」の増加、拡散が生じている」[5]と、このようなアーバニズムの多様化、多元化の状況を総括した。

こうしたアーバニズムが前景に出て、そして多元化する現象はアメリカだけの話ではない。イギリスでは、二〇〇六年に質の良いアーバニズムの実現に向けた分野横断型の教育啓蒙組織として、アカデミー・オブ・アーバニズムが設立され、教育プログラムや出版物の提供、アーバニズムアワードの運営等を通じて、アーバニストの育成に取り組んでいる。

また、二〇〇四年にオランダのカッセル大学の建築・都市計画専攻の卒業生二名がロッテルダムで始めた雑誌MONU（Magazine on Urbanism）は、アーバニズムというキーワードで、都市計画やアーバンデザインに留まらず、経済、社会、政治、文化、生態学などを含む多角的な視点から都市についての論考、イメージを集めて発行されている。毎号、「アーバニズム」という言葉の横に別の形容詞や名詞を付加し、テーマとしている。それにより、アーバニズムを多元化し続けている。

†最も影響力のあったアーバニスト一〇〇人

ここまで見てきた一九世紀のユルバニスムから始まるアーバニズムの展開は、その担い手となったアーバニストたちの歩みでもあった。「はじめに」で紹介した、都市計画ポータルサイト・プラネタイゼン（Planetizen）の「最も影響力のあったアーバニスト一〇〇人」のリストを改めて眺めてみよう。

システム・アーバニズム	
Infrastructural Urbanism, Future Urbanism, Retrofuture Urbanism, By-pass Urbanism, Parametric Urbanism, Emergent Urbanism, Market Urbanism, Propagative Urbanism, Behavioral Urbanism, Braided Urbanism, Digital Urbanism, Disconnected Urbanism, Networked Urbanism	
グリーン・アーバニズム	
Landscape Urbanism, Green Urbanism, Sustainable Urbanism, Environmental Urbanism, Ecological Urbanism, Clean Urbanism, Agricultural Urbanism	
伝統的アーバニズム	
Traditional Urbanism, Walkable Urbanism, New Suburbanism, Anti-Urbanism, Second-rate Urbanism	
コミュニティ・アーバニズム	
Participatory Urbanism, Consumer-Based Urbanism, Do it Yourself Urbanism, Informal Urbanism, Open Source Urbanism, Opportunistic Urbanism, Guerilla Urbanism, Gypsy Urbanism, Instant Urbanism, Pop-Up Urbanism, Temporary Urbanism, Everyday Urbanism, Exotic Urbanism, Radical Urbanism, Bricole Urbanism, Magical Urbanism, Slum Urbanism	
社会政治的アーバニズム	
Dialectical Urbanism, Political Urbanism, Beautiful Urbanism, Real Urbanism, Denied Urbanism, Irresponsible Urbanism, Recombinant Urbanism, Unitary Urbanism	
ヘッドライン・アーバニズム	
Big Urbanism, Holy Urbanism, Brutal Urbanism, Paid Urbanism. Border Urbanism, Trans-Border Urbanism, Nuclear Urbanism, Micro Urbanism, Middle Class Urbanism, Stereoscopic Urbanism, Post-Tranumatic Urbanism	

表 1-2　ジョナサン・バーネットが集めた様々なアーバニズム

アーバニズムの展開の歴史の中で、どのような人たちがアーバニストとして認識されているのだろうか。ここで一〇〇人全員を紹介するのは難しいので、上位二五名について、リストに付されている簡単なプロフィールを紹介していくことにしよう。

1　ジェイン・ジェイコブズ（一九一六―二〇〇六）
『アメリカ大都市の死と生』の著者。コミュニティ主導の都市計画の新しい時代を切り拓いた。ロバート・モーゼスとの戦いは、二〇世紀の最も有名な都市計画論争である。

2　ジャイメ・レルネル（一九三七―二〇二一）
建築家・都市計画家。ジャイメ・レルネル研究所の創立者で、ジャイメ・レルネル建築協会の会長。ブラジルのクリチバ市の市長を三期務めた。任期中に都市計画、公共交通、環境社会プログラム、都市プロジェクトにおけるクリチバの名声を高め、活性化させた。

3　フレデリック・ロー・オルムステッド（一八二二―一九〇三）
ランドスケープアーキテクト、ジャーナリスト、社会批評家、行政官。アメリカのランドスケープアーキテクトの「父」。アメリカ中のオープンスペースの計画や設計を行った。

特にマンハッタンのセントラルパークの設計で知られている。

4　ヤン・ゲール（一九三六―）
ヒューマンスケールの設計や計画に焦点を当てた建築家、アーバンデザイナー。『建物の間のアクティビティ』、『人間のための街』などの多くの著書がある。

5　アンドレス・デュアーニ（一九四九―）
アメリカの建築家、都市計画家、ニューアーバニズム会議の創立者。主な業績に、アメリカで最初の新しい伝統的コミュニティとして知られているシーサイドの計画・コード作成、スマートコードの開発、田園から都市へのトランセクトの定義など。

6　ルイス・マンフォード（一八九五―一九九〇）
三〇年以上、雑誌『ニューヨーカー』で建築批評を担当。『歴史の中の都市』（一九六一）をはじめとする多数の著作を通じて、建築や都市生活を社会的文脈において解釈した。

7　ロバート・J・ギブス

ギブス・プランニング・グループ代表。ミシガン州で最初のニュー・アーバン・コミュニティとフォームベースド・コードを開発したのをはじめ、アメリカ国内外で、四〇〇以上ものタウンセンターや歴史都市における商業開発に貢献した。

8 フランク・ロイド・ライト（一八六七―一九五九）
アメリカの歴史上、最も著名な建築家。プレーリー（大草原）派の建築を先導し、有機的建築を探究した。ペンシルヴァニア州にある落水荘は、最も愛されている作品の一つ。

9 ル・コルビュジエ（一八八七―一九六五）
本名はシャルル゠エドゥアール・ジャヌレ。近代建築と都市計画のパイオニア。『輝く都市』の中で提示された「タワー・イン・ザ・パーク」のコンセプトは、全米の都市で採用された。

10 チャールズ・マローン
都市計画の話題についてのニュースウェブサイトであり、最もよく知られているアドヴォカシーのポータルサイトである「ストロング・タウン」の創始者、会長。『強い都市をつくる考え方』（一巻・二巻、未邦訳）、『世界クラスの交通システム』（未邦訳）の著者。

11　リチャード・フロリダ（一九五七―）
世界で最もよく目にするアーバニストの一人。『クリエイティブ資本論』、『都市の新しい危機』（未邦訳）などの著者。トロント大学の教授、マーティン繁栄研究所ディレクターを務める。

12　ウィリアム・H・ホワイト（一九一七―二〇〇〇）
一九八〇年に出版した『小さな都市空間における社会生活』（未邦訳）は、都市を舞台とした人々の行動に関する観察と研究の新しい標準を生み出した。

13　ドナルド・シャウプ（一九三八―）
カリフォルニア州立大学ロサンゼルス校の都市計画学科で顕著な研究業績を挙げた。アメリカ中のコミュニティにおいて、都市計画・土地利用規制の基礎的な側面としての駐車場政策に新しいアプローチをもたらすことに成功した『無料駐車場の高い費用』（未邦訳）の著者。

14　ケヴィン・リンチ（一九一八―一九八四）

都市計画家。『都市のイメージ』（一九六〇）、『時間の中の都市』（一九七二）の著者。『都市のイメージ』において、現在の都市計画やデザインにおいて暗黙的にも明示的にもたびたび参照されるパス、エッジ、ディストリクト、ノード、ランドマーク理論を導き出した。

15　エリザベス・プラッター・ジバーク

アークテクトニアおよびデュアニー・プラッター・ジバーク社の共同創始者。ニューアーバニズム運動のリーダーで、『郊外の国――スプロールの誕生とアメリカン・ドリームの衰退』（未邦訳）、『新しいシヴィックアート』（未邦訳）の共著者。

16　ジャネット・サディク＝カーン（一九六一―）

二〇〇七年から二〇一三年にかけて、ニューヨーク市交通局長を務めた。アメリカの中の「最大の国」で、この半世紀で最も抜本的な都市街路の活性化を実現させた。最近はブルームバーグアソシエイツ主席、全米交通行政官協会議長を務める。『ストリート・ファイト――人間の街路を取り戻したニューヨーク市交通局長の闘い』の著者。

17　ロバート・モーゼス（一八八八―一九八一）

二〇世紀のニューヨークの「マスタービルダー」。現代の都市建設において、最も評価が分かれる人物である。長きにわたってニューヨークにおける最も強力な人物であったかも知れない。スラムクリアランス、公営住宅事業、高速自動車交通に基づく近代化運動を探究し、明らかに今日のニューヨークをつくりあげた。モーゼスの野心は、ジェイン・ジェイコブズ周辺の反対運動の発展によっても刺激を受けた。

18　ダニエル・バーナム（一八四六―一九一二）

アメリカの建築家であり、シカゴプランの共同制作者の一人として、アメリカの都市計画史の中でひときわ重要な人物である。クリーブランド、サンフランシスコ、ワシントンDCの計画も手掛けた。

19　エベネザー・ハワード（一八五〇―一九二八）

田園都市運動の発案者。『明日の田園都市』（一八九八）の著者。自然とともに調和した生活を人々が送ることができるユートピアを描いた。

20 クリストファー・アレグザンダー（一九三六―）

建築家、デザイン理論家。パタンランゲージ運動の「父」として認識されている。『パタンランゲージ』（一九七七）の共著者。

21 ジェフ・スペック

都市計画家、ウォーカブルシティの先導的提唱者。『ウォーカブルシティ――ダウンタウンはアメリカをどのようにして救ったか』（未邦訳）、『一歩一歩』（未邦訳）などの著者。

22 ピーター・カルソープ（一九四九―）

数々の受賞歴を有するカルソープ・アソシエイツの創設者。ニューアーバニズム会議の創設者の一人で、最初の理事長。

23 マイケル・ブルームバーグ（一九四二―）

起業家、フィランソロピスト。ニューヨーク市長を三期務め、全米最大都市で都市行政の改革とプレイスメイキングの取り組みを行った。

24 ジェーン・アダムズ（一八六〇―一九三五）
社会事業の「母」として知られている。

25 エンリケ・ペニャロサ（一九五四―）
一九九八年から二〇〇一年までボゴダ市長。二〇一六年にはボゴダの交通と公共空間プロジェクトの監督役を再開した。交通開発研究所（ＩＴＤＰ）の理事長。

上位の二五名は、やはりアメリカを中心として、運動組織やメディアの創設、優れた著書の出版、政治家や行政官としての権力を通じて、多くの人々に影響を与えた人たちである。この後に続く七五名も、幾分多様性は増していくが、そうした傾向は続く。

しかし、アーバニズムの実践者としてのアーバニストは、ここにあがった歴史的人物だけではない。もちろんない。先に紹介したイギリスのアカデミー・オブ・アーバニズムが二〇二一年三月に開催したオンラインイベント「誰もがアーバニスト」の趣旨文を引用しておこう。

都市は複雑で常に変化しており、多くの人の手によって形づくられています。私たちは、プレゼンテーションとディスカッションを組み合わせて、個人や組織がポジティブな場づくりとアーバニズムを推進するさまざまな方法を示したいと考えています。公共空間での日常的な活動、地方自治体などの機関との連携、文化、芸術、経済開発、福祉、計画、デザインの質の向上などを組み合わせて、「誰もがアーバニスト」になるのです。[6]

アーバニズムには規範概念と事実概念の両方が含まれている。そのことが、本書でアーバニズムの実践者としてのアーバニストを語る構想力の根拠である。

本章でここまで見てきたように、規範概念は、もともと欧州発の都市学ともいうべき、「居住、特に都市居住を、人類の要求に適合させる方法の体系的な研究」＝ユルバニスムに由来していた。一方で、事実概念としてのアーバニズムは、アメリカの都市社会学にその由来を見出した。

ユルバニスムはアメリカに渡って、アーバンデザインに一度、その席を譲ることになったが、アーバンデザイン自体の発展の過程の中で、都市のありかたの根底的な問い直しに相応しい全体性を有する概念として再浮上してきたのである。そのときには、都市社会学におけるアーバニズムも、コミュニティの解体という都市のネガティブなイメージだけでなく、創造性や革新性といったポジティブなイメージもまとうようになっていた。

この両者が相まって、様々なアーバニズムが生み出されている。したがって、そうしたアーバニズムの実践者であるアーバニストも多様で多元的である。「誰もがアーバニスト」とは、その分野融合性とともに、規範と事実、こうあるべきといまこうである、計画介入と日常生活が重なり合うところにアーバニストがいる、ということを示す標語であると解してよいだろう。

4　日本のアーバニズム

†日本におけるアーバニズムの受容

欧州発の都市計画としてのユルバニスム、アメリカ都市社会学発の生活様式としてのアーバニズムが絡み合って、現在のアーバニズムが生まれ、その過程において様々なアーバニストが誕生してきた様子を追ってきた。

では、日本では、このアーバニズム、アーバニストはどのように受容されてきたのだろうか。まずは用語としての「アーバニズム」が日本においてどのように使われてきたのかを概観してみたい。

先に紹介したスカーリーの『アメリカの建築とアーバニズム』を一九七三年に翻訳した香山壽夫は、「正確に対応する日本語が無いこと、アーバニズムという語は、建築学、都市工学、さらに社会学などの分野ですでに日本語として一般的に用いられていることもあって、そのまま片かなに直して用いることにした」と書いている。一九七〇年代の時点で、「アーバニズム」が日本語として定着していたというのは本当だろうか。

日本の建築学や都市計画学の分野において、「ユルバニスム」は、戦前からル・コルビュジェの著作の翻訳というかたちで紹介されていた。コルビュジェの『ユルバニスム』の翻訳初出は、一九二九年の『国際建築』誌での池田英夫の連載である。そこでは、「都市計画」に「ユルバニスム」というルビがふってあった。

また、それ以前にも、例えば『国際建築時論』の一九二七年一月号には、工学士の永野三郎が「ウルバニズムの実現」というタイトルのもと、オランダの住宅地計画を紹介する論考を寄稿している。この論考で「ウルバニズム（L'urbanisme）と云ぅ言葉はその字義から云っても、都会人のためのよりよき都市を形成する組織を云ぅのだから之は所謂都市計画の意であると云ってもいい様に思われる」という解説がわざわざなされていることからわかるように、都市計画法導入から一〇年近く経過した時点において、「ウルバニズム」という用語は日本の建築系読者にはなじみがないものであった。

実際、日本の建築、都市計画界隈において、「ユルバニスム」「ウルバニズム」という言葉は、「タウン・プランニング」や「シティ・プランニング」のように使われることはほとんどなかった。しかし、コルビュジエの『ユルバニスム』によって状況が変わった。先に紹介した松田達の論考でも指摘されているように、日本の都市計画や建築関係者の間では、「ユルバニスム」はコルビュジエやCIAMに固有の概念、さらに言えば、コルビュジエの著書『ユルバニスム』そのものを示すことが通例となったのである。

一方で、「アーバニズム」については、この言葉を都市計画の文脈でタイトルに冠した書籍は、スカーリーの『アメリカの建築とアーバニズム』の翻訳以前にはない。また、その後も、アーバニズムをタイトルに冠した書籍や論考は、建築学や都市計画学では少なく、二〇〇〇年代以降になって、ニューアーバニズムの紹介などでようやく幾つか見られるようになってきたという程度である。つまり、建築学や都市計画学において、アーバニズムという概念や用語そのものが受容され、意識的に使用されてきたという明確な系譜があるわけではないのである。

日本の社会学界隈ではどうだろうか。戦前期の日本の都市社会学の金字塔である奥井復太郎『現代大都市論』（一九四〇）では、シカゴ派社会学について、対象とするアメリカ都市の特殊性に注意を喚起しつつ、詳しい紹介がなされている。しかし、一九三八年に発表されていたワースの「アーバニズム」への言及はない。奥井自身は戦後も、理論的・概念的に未熟なワースのアーバニズム論を自身の研究に導入することはなかった。

一方で、一九五〇年代に出版された磯村英一『都市』（一九五四）や教育社会学の宇佐川満『現代社会教育論』（一九五四）において、「アーバニズム」への言及が見られる。磯村は「人口問題」の中に「都市化の問題（アーバニズム、Urbanism）」という見出しの一節を設けた。一方、宇佐川は「アーバニズムと教育」という節において、「都会主義（urbanism）」という訳語を使用し、それを近代社会の大きな特徴として捉え、集中と異質性という観点から検討を行った。

横越英一が訳した『アメリカ社会学』（一九五五）では、アメリカ社会学者の「一九五〇年までの最後の四人」、つまりアメリカ社会学の歴史的系譜の中の当時の最新の人物として、ルイス・ワースを紹介している。横越はワース自身の回想を引用してワースの業績について論じたが、そこでは、ワースの論文は、「生活の途としての都市主義」と訳されている。

日本の都市社会学において、ワースの「生活様式としてのアーバニズム」の歴史的位置づけが確定するのは、一九六〇年代になってからであろう。例えば、一九六五年の鈴木広編『都市化の社会学』には、「都市化の理論」として、ゲオルク・ジンメルの「大都市と心的生活」、アーネスト・バージェスの「都市の発展――調査計画序論」とともに、ワースの「生活様式としてのアーバニズム」の翻訳が収録された。

翻訳を担当した高橋勇悦は、この論文が「アメリカの都市社会学の文献のなかでも、もっとも注目され、問題にされ、引用され、高い評価をあたえられている古典の一つ」であり、「日本でも大なり小なりワースの影響をうけている都市社会学者は少なくない」と指摘している。また、「アーバニズム」という用語については、「urbanism―都市性、都市主義などと訳されることがある」としていた。

日本の都市社会学への具体的な影響として、例えば、倉沢進『日本の都市社会』（一九六八）では、概念と方法を扱う第一章に「アーバニズムの理論」を置き、フェルディナント・テンニエス、ジンメルといったドイツの形式社会学者からシカゴ派社会学への展開を簡潔に述べ、ワースのアーバニズム論につなげている。前年に出版された寿里茂『現代の社会学』（一九六七）でも、ワースのアーバニズム論（「都市主義」という訳語を当てている）を導き手として、都市社会の近代化を検討している。

鈴木広によれば、高度経済成長の最中のこの時代の都市社会学者の問題意識は、現実の都市問題の急迫化、激化、大規模化の中で、各都市が「マスター・プラン」を策定するなど、「都市ブーム」が到来している一方で、都市を扱う学問は「無性格な「技術」学となる傾向」があり、学問の空転が危惧されるという点にあった。

まずは都市社会学の学問的立場を確立し、そのアプローチの性格を自己規定する必要がある。そうした問題意識のもと、アーバニズムは現実の都市問題への対処方法というよりは、学問の空転を避けるための理論的中心の一つとして、日本の都市社会学の中で定着していったのである。

以上のように、アーバニズムという用語、概念は、建築や都市計画学では関連語のユルバニスムが時代を画した一建築家の固有名と結びついた概念として、都市社会学においては学問的立場の基底をなす理論として、別個に、そしてそれぞれ限定されたかたちで受容されてきたといえる。つまり、規範概念と事実概念の交わりはほとんどなかったものと考えられる。

したがって、アーバニズムという言葉を手掛かりにして、日本のアーバニストの源流を辿っていくことは不可能であろう。いったんアーバニズムという用語や概念の受容のかたちからは離れて、「アーバニスト的なるもの」の発現の系譜を見つめ直していく必要があ

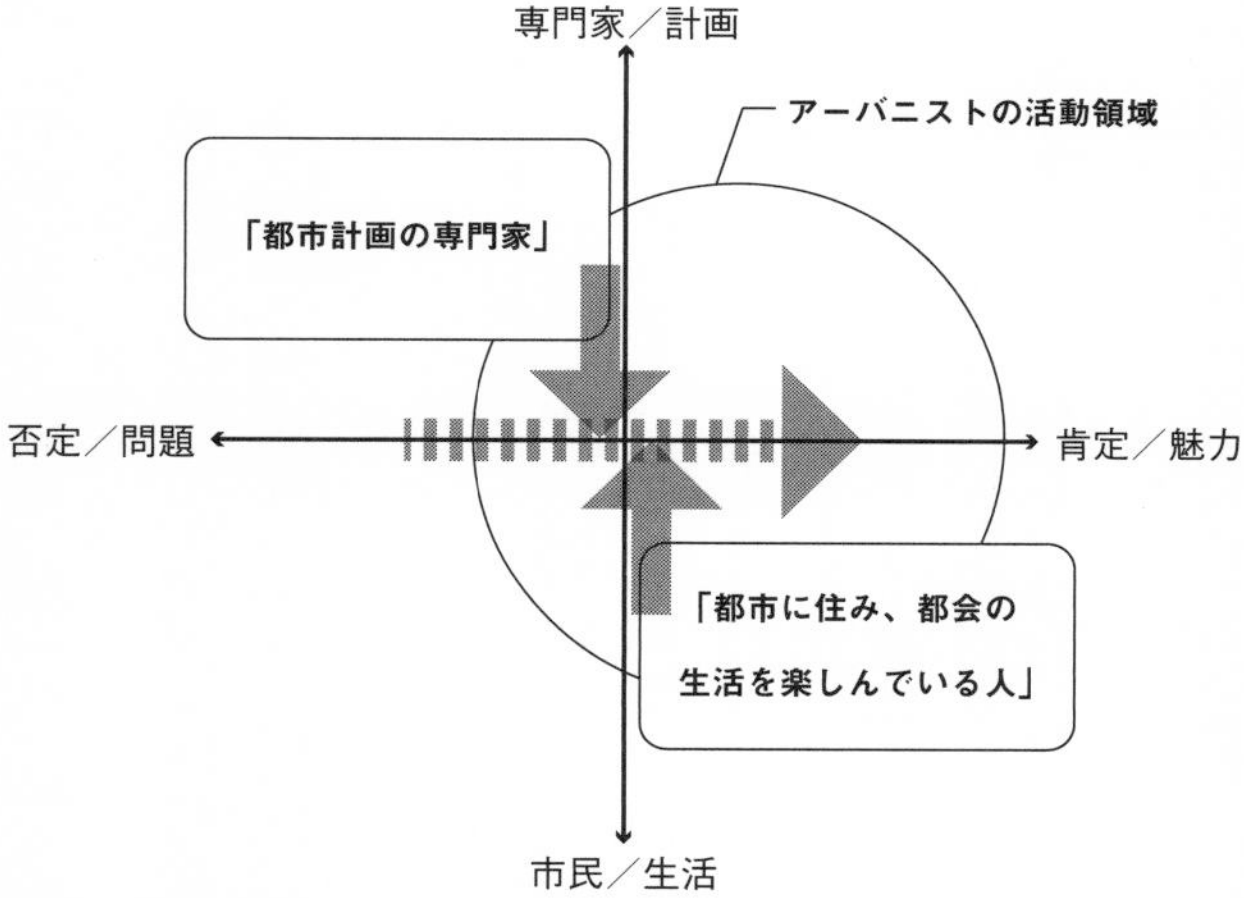

図1-8　アーバニストの活動領域生成の構図

る。

†専門家と生活者の接近

「はじめに」で先行的に提示したアーバニストの定義に立ち返ろう。辞書に掲載されていたアーバニストの二つの意味、「都市計画の専門家」と「都市に住み、都会の生活を楽しんでいる人」に再度着目し、その両方が重ね合わされた領域を持っていた人を、歴史的な視野で探していくことにしたい。「アーバニスト的なるもの」の発現の系譜とは、明らかに別々の意味である「都市計画の専門家」と「都市に住み、都会の生活を楽しんでいる人」とが、いかにして接近していったのか、その軌跡ということになる。

ここで、二つの軸からなる構図を導入してみたい（図1-8）。一つ目の軸は、専門家／計画―市民／生活軸である。アーバニストは専門家なのか、市民なのか、である。

社会学者のアンソニー・ギデンズが指摘したように、近代社会の特徴の一つは、「専門家や科学技術へのお任せと信頼によって成立する」[7]という点であった。近代の都市づくりの分野においても、この専門家システムの構築が見て取れる。その最大の契機は、大正期における社会技術としての都市計画の導入であった。

明治期の首都改造である東京市区改正事業を嫡流として、一九一九年の都市計画法制定によって本格的に始動した都市計画は、都市部への人口集中を背景にし、拡大していく近代都市の総体的コントロールを標榜した技術であった。その技術の導入と同時に、技術の担い手として、都市計画の専門家が登場した。

日本の場合、強固な中央集権システムのもとで、都市計画は当初国家事業として導入されたこともあり、その技術の担い手も、もっぱら国の技術官僚＝技師たちであった。このようなかたちで出発した「専門家システム」が、民主化、住民参加、市民協働によって、徐々に開かれていくことになる。

ただし、都市計画の導入当初に、都市計画が官僚的専門家の手に独占されていたというのも正確ではない。市民側からの都市計画運動、応答もあったはずである。この第一の軸については、都市計画の専門性がどのように社会に開いていったのか、市民側はそこにどのように働きかけたのか、という二つの方向性の中で、先の重なり合いが生まれ、そこに「アーバニスト的なるもの」の系譜を見ることができるだろう。

さて、もう一つの軸は、都市否定—都市肯定と設定したい。近代の都市づくりにおける自明ともいえる目的は、都市の近代化であった。近代化とは、即ち眼前にある都市の否定に他ならなかった。そもそも、都市への人口集中に伴って発生した各種都市問題への対処こそが、都市の近代化を動かしてきた。都市とは、まず否定されるもの、問題をはらんだものであった。

このような都市の見方が、先の「都市計画の専門家」の中で、どのように意識されていたのか、そのことを示唆する一つのエッセイを紹介しておこう。戦前に内務省に都市計画技師として採用され、戦後は戦災復興や建築基準法の制定に深く関わった都市計画家の小宮賢一が、一九四七年の『新都市』創刊号に寄せた「湖底の故郷」というエッセイである。

このエッセイでは、東京の下町に生まれ育った小宮の原風景と、それを一変させた関東大震災後の帝都復興都市計画との関係を、当時、建設中であった人工湖の湖底にあたり、もう二度と見ることができなくなる集落になぞらえて論じている。小宮は、幼い頃の記憶と結びついた震災前の東京の下町を深く懐かしみ、帝都復興がなったあとも、時々、古い地図を頼りに思い出に浸り、まちの風景を思い出すほどであったという。端的に言えば、小宮は自分の育ったまちの震災前の姿が好きだったのである。

しかし、小宮は「だが皮肉なことに、その私がたまたま一生の仕事として選んだのは、この故郷を湖底に沈める商売の都市計画であった。日本の国力の伸びるにつれて、大都市は不自然にふくれ上り、その回りでは多くの農村が、区画整理によって毎年いらかの海の底に沈んで行った」のである。

都市計画は震災前の都市、市街化前の農村を遅れたものとみなし、それらを近代的な都市に変えていくことを使命とした。今ある都市、集落の否定が出発点であった。小宮はそうした職業的使命と自分の記憶の中の都市への愛惜との折り合いをどうつけるか、結論としては「沈む村を故郷にもつ人々のために、せめて後々思い出の扉をひらく鍵になるような物を残してやれないものか、そうすることが都市計画家の義務ではないか」というものであった。そして、それは「その都市に生まれ、その都市に育ち、その都市を愛する都市計画家の手によって設計された場合に、初めてできるのではないだろうか」と、都市と都市計画家の関係にまで踏み込んだ。

いずれにせよ、「都市計画の専門家」とは、都市の問題を把握し、解決していく者であった。ここでは、特に欧米都市との関係、あるいは農村部との関係の中で、根強かった都市否定に基づく問題的都市観から、いかにして、都市生活を楽しむというアーバニストのもう一つの側面、つまり肯定的都市観へと移行していったのかが、「アーバニスト的なるもの」の系譜として説明される必要があるということである。

以上の二軸の構図の中で、「都市計画の専門家」はもともと左上の象限に、「都市に住み、都会の生活を楽しんでいる人」は主に右下の象限に位置づけられる。アーバニストは、この二つの間の往還関係の中に立ち上がることになる。

次章以降、官僚専門家と市民との接近、そして、否定的都市観から肯定的都市観への移行という二つの過程について、見ていくことにしよう。

第2章

アーバニスト的転回

中島直人

1　戦前の都市に関わるひとたち

†官僚専門家としての都市計画家の誕生

日本の都市計画の始まりは今から一〇〇年前、大正時代の中頃に遡る。日清・日露戦争を経験し、次第に都市部での重工業を含む産業資本の蓄積が進み、都市への人口流入傾向が顕著になり始めていた時期である。都市化、工業化で先行する欧米諸国での取り組みに倣い、拡大していく都市の整序化を図る制度として都市計画が導入された。

全国の政策として、中央集権的構造を前提に生み出された都市計画の当初の仕組みは、全国の道府県に設置された国の出先機関である都市計画地方委員会が、計画の立案から審議までを引き受けるというものであった。都市計画地方委員会を掌握する内務省には都市計画課が置かれ、全国の都市計画技術者たちを指導した。この体制の中で、土木工学や建築学、造園学を修めた学士たちが、日本で最初の都市計画の専門家として育成されていった。

都市計画地方委員会に技師、ないし技手として採用された彼らは、欧米諸国の先進的な都市計画技術に強い関心を持ち、土木、建築、造園の個別構築技術とは異なる総合的な計画技術を職能の拠り所として、雑誌の発行や全国都市計画協議会開催などを通じて研鑽していった。一九二三年に三一都市に過ぎなかった都市計画法適用都市も、一九三〇年には九七都市、一九三二年には一〇五都市と順調に増えていった。

この適用都市の増加に合わせて、都市計画地方委員会の定員も増員されていった。一九三四年時点で事務官一二名、技師七〇名、書記七三名、技手一六八名、一九三八年には事務官二三名、技師八二名、書記一〇六名、技手二五四名となった。この中の技師や技手が、都市計画の官僚専門家集団を形成したのである。

しかし、こうした官僚専門家による都市計画によって、日本の都市が飛躍的な変化を遂げていったということではない。建設行政の中では新興の都市計画は、道路や河川に比べると財源に乏しかった。また、欧米に学んだとはいえ、計画技術も未熟なものであった。

例えば、都市内をある一定の土地利用のまとまりに分けてコントロールする用途地域は、当初、住居地域、商業地域、工業地域、未指定のわずか四種類しかなかった。計画を立案してもなかなか実現が伴わない草創期の都市計画の専門家の仕事は、時に「塗紙計画」(ただ紙に色を塗っているだけ)、「背伸性翻訳文化的都市計画」(日本の実情とはかけはなれている)と揶揄されることもあった。

†関東大震災後のシヴィック・アーティストたち

一九二三年九月に発生した関東大震災からの復興は、草創期の都市計画の専門家にとっての最初の活躍の場となった。内務大臣・後藤新平のリーダーシップにより創設された帝都復興院に技術者たちが集結した。高い理想に基づき復興計画が立案され、被災地区での全面的な土地区画整理事業を主軸とした復興事業が実施されていった。

ただし、この帝都復興の過程において、都市のあるべき姿を構想し、その実現に向けてアクションを起こしたのは、都市計画の官僚専門家たちだけではなかった。日本のアーバニストの源流の一つは、震災後の市民側のアクションの中にある。

震災後、東京の復興像について、当時の新聞や雑誌には学識者や専門家たちの所見が盛んに掲載された。その中には、例えば美術雑誌『みづゑ』の一九二三年一一月号「新東京の美観問題」や、『建築画報』一九二四年一月号「美はしい新東京創造についての感想」など、芸術家や建築家たちを対象としたアンケート形式で、復興する東京の都市美について問うものが見られた。

また、建築家の今和次郎や舞台装置家の吉田謙吉らは、一九二三年九月にバラック装飾社を立ち上げ、市内で建設が始まっていた商店や住宅のファサードにペンキなどを用いて装飾を行う運動を開始した。翌月、ジャーナリストの椽内吉胤（一八八八—一九四五）は、造園家の上原敬二や井下清らとともに帝都植樹協会を設立し、市内各地での植樹運動を開始した。

さらに、建築家や芸術家、図案家（デザイナー）たちは、それぞれ復興する東京の芸術化を求めて、様々な運動団体を立ち上げ、街頭へと飛び出していくことになった。こうした動きの中で、結果として最も継続的で大きな運動となったのは、一九二五年一〇月に設立された都市美研究会が開始した都市美運動であった。

一九二五年一〇月二四日の東京朝日新聞は、「変つた顔触で帝都美化の運動　やぼな都を作るなと　文学者や美術家も加つて」という見出しで、新たに都市美研究会という団体が設立されたことを伝えた。記事で名前が挙がった参加者は、経済学者の渡辺鉄蔵、哲学研究者の金子馬治、評論家の内田魯庵、小説家の近松秋江、詩人の野口米次郎、洋画家の石井柏亭、図案家の杉浦非水、人類学者の鳥居龍蔵、収集家の池田文痴庵らであった。発起人は、建築家の石原憲治や中村鎮、そして先に帝都植樹協会を立ち上げていた元東京朝日新聞記者の椽内吉胤らであった。

復興東京の景観、建物等についての感想、忌憚なき意見が交わされた様子が報道されている。この会の趣旨は「今や帝都復興を控えて、都市の事業界彌々多事なる秋、タウン・

プランナーやシビック・アーティストは勿論、建築家も美術家も、その他いやしくも都市改良家、都市研究家として都市問題に興味と熱意を有せらるる士は漫然書斎や画室に閉じこもっているべきではあるまい[1]」というものであった。政治や社会のみならず、文化や生活にも及んだ大正時代のデモクラシー的傾向のもとで、都市づくりについても、こうした実践運動が始まったのである。

都市美研究会は翌一九二六年には都市美協会に改組され、有力政治家や建築、土木、造園各界の大御所を会長や役員に据え、東京市と密接な関係を保ちながら、具体的な事業に関わる建議や意見の表明、市民を対象とした都市美観念の啓発普及の催し、雑誌の発行、さらには全国都市美協議会の開催などの活動を行った。その活動理念は、官僚専門家による都市計画に対置して、シヴィックプライド、市民意識に基づく市民自治を基盤においた都市芸術(シヴィックアート)を打ち立てようとするものであり、都市計画の改革運動を目指した。

特に主宰者の一人である橡内吉胤は、東京だけでなく、郷里である盛岡でも、市民に対して「都市問題を単に専門家の独占にせずして市民各自の家を修理し台所の世話をやくような極めて卑近な心持でこの会に参加してほしい。(中略)官吏、教師、会社員、芸術家、労働者その名その立場こそ異なれ一個の市民としては皆共通した或願望を持っておるべき

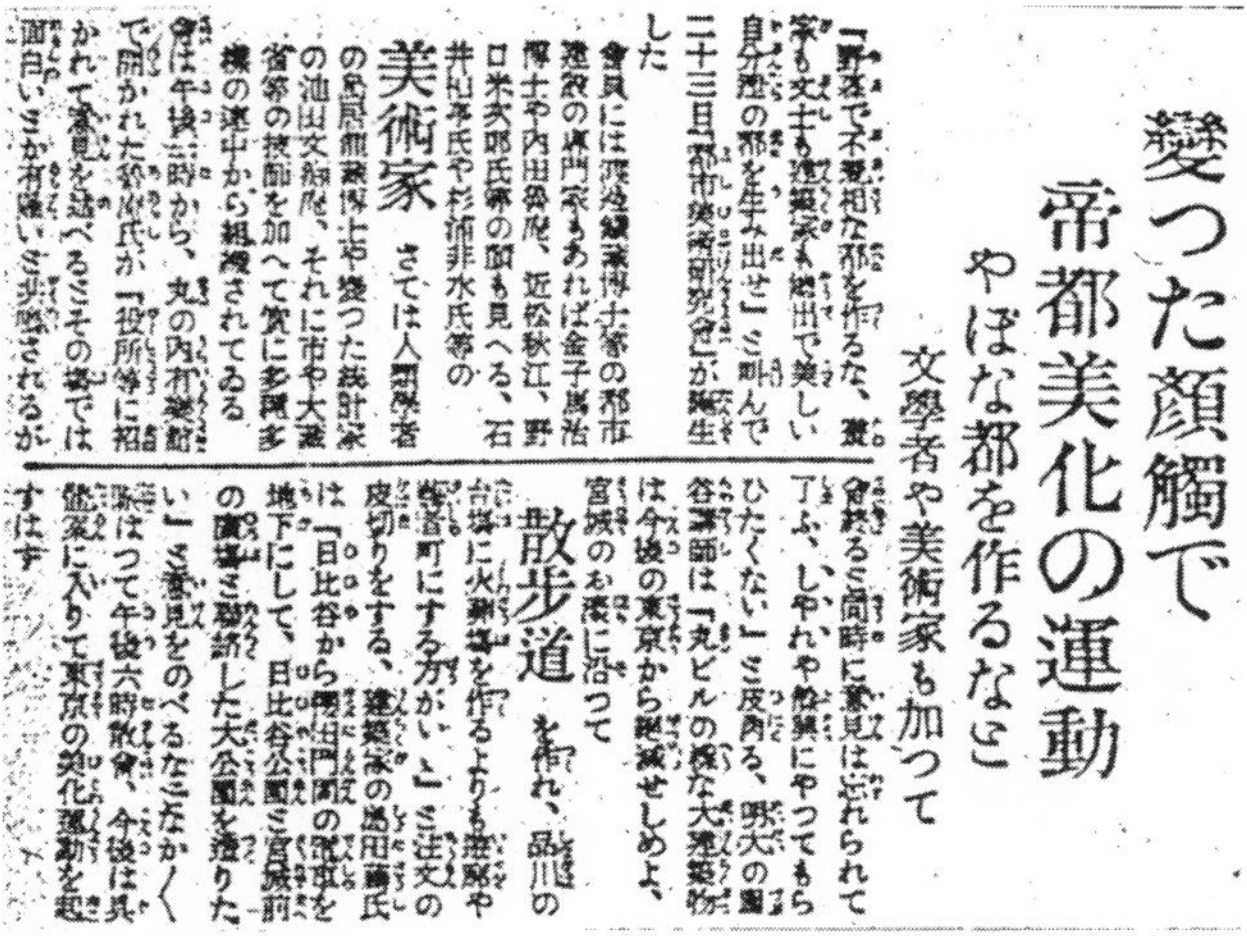

變つた顔觸で
帝都美化の運動
やぼな都を作るなと
文學者や美術家も加つて

美術家

散歩道

図 2-1　都市美研究会の設立を伝える記事

都市美を護らうと
自由人の集り
東京百景も選定する

無情

都市

各自

図 2-2　日本都市風景協会の設立を伝える記事

はずだ」[2]と呼びかけ、同様の運動を展開した。

都市美協会による都市美運動自体は、戦前を通じて継続し、戦時中の一時中断を挟んで、戦後も一九六〇年頃まで続いた。協会創設者の橡内は、途中、一九三五年に都市美協会から離脱して、新たに日本都市風景協会を設立した。当時の新聞報道によれば、「帝都の都市美を、無情な破壊から護り、情味豊かに育てて行こうという自由人の集まり、その運動を都市を愛する民衆の声として守りたてて行こうという会合」[3]であった。

これらの運動において、都市計画の担い手として、官僚専門家だけでない、シヴィック・アーティスト、さらには自由人の役割が実践的に提起され、都市を愛する民衆が想像された点は特筆すべきである。

橡内吉胤は、日本全国の地方都市を巡り、それぞれの個性を体現する歴史的な町並みの保存を提唱した人物でもあった。主著『日本都市風景』(一九三四)に収められた寄稿文に記された、都市を歩き、近代化の発想のもとで全国、いや世界のどこでも同じような建物に置き換わっていく以前の家並みを見つけ、そこにそれぞれの都市の個性を見出していく姿勢には、問題的都市観からの脱却の兆しも見てとることができる。

†アーバニストの先駆者としての石川栄耀

図 2-3　目白文化協会の面々と石川栄耀

都市計画の官僚専門家たちの中にも、現代のアーバニストに通じる志向性を持ち、行動した者もいた。その代表的人物が、戦前に名古屋の都市計画に携わり、戦後、東京の戦災復興計画の立案者となった石川栄耀（一八九四―一九五五）である。筆者らがまとめた『都市計画家石川栄耀　都市探究の軌跡』（二〇〇九）に基づき、彼の活動を紹介していこう。

都市計画地方委員会技師の第一期生であり、官僚専門家のリーダーともいえる存在であった石川は、一方で「「都市計画」と云う華々しい名前を有ちながら自分達の仕事がどうも此の現実の「都市」とドコかで縁が切れてる様な気がしてならない」という問題意識を隠さなかった。

本務として名古屋や東京の法定都市計画に責任を持って取り組んだだけでなく、一技術者として、市民として「都市」へ飛び出していった。本人曰く、「「都市計画技術室より街頭へ」の運動」を展開したのである。

一九二七年七月に石川が世話人となって設立した「名古屋をも少し気のきいたものにするの会」は、「名古屋を自分の家の様に愛する人達が之をも少し気のきいたものにする様に、気のついたことを考えたり、はなしあったりするのにあります。そして出来たら、その結果を各方面に助言したり、実現の出来る方法も採りたい」という会であった。以降、名古屋時代には、照明学会東海支部に集った照明デザイナーや名古屋商工会議所に集まった財界人、広小路や大須の商業者たちとともに、照明・看板デザインの改良から祭りの創設まで、あらゆる手段を使って盛り場、商店街の育成指導に尽力した。

最も石川らしい試みは、一九三〇年七月に開催された広小路祭であった。広小路行進曲をバックに二〇台の花車、浴衣姿の四〇〇名の市民が大行進するカーニバルを中心とした、市民が一緒になって馬鹿をつくし、騒ぎ狂う祭りを考案した。石川が創設した名古屋都市美研究会は、このお祭りに合わせて、広小路に所縁のある偉人の紹介や昔の写真などを集めた広小路展覧会、広小路の将来について話し合う広小路漫談会を開催した。

石川は市民意識の醸成の場としてのお祭りと、都市生活の要諦であると考えた「賑かさ」をもたらす親和生活の中心としての盛り場商店街を重要視していた。石川は東京転任後も、照明や屋外広告の観点から商店街の育成に取り組み、やがて戦災復興において、歌舞伎町や麻布十番といった盛り場商店街をデザインしていく。

石川のこうした実践は、盛り場商店街に限定されていたわけではない。特に石川が戦後、力を入れたのが、「自発的に集まり郷土目白を最も住み良い文化都市にする」という目的で地元・目白の文化人たちと設立した目白文化協会の活動であった。会長に推された徳川義親（尾張徳川家当主、植物学者）の他、田辺尚雄・秀雄（音楽学者・評論家）、大久保作次郎（洋画家）、小野七郎（新聞記者）、夏目貞良（彫刻家）、堀口捨巳（建築家）、田中耕太郎（法学者）らが参加した。毎月一回、講演から落語、舞踊まで何でもありで会員たちが順番にそれぞれの専門、得意な出し物を披露した「文化寄席」、地元の商店街と協働した商店店頭での「絵の展覧会」、さらに区長や警察署長らを加えて目白のまちについて意見交換を行う「目白懇話会」、音楽や舞踊、運動、漫談などのメニューと道路清掃、補修、緑化活動を組み合わせた「文化祭」など、活発な活動を行った。

石川の死後、目白の人は「あの人ぐらい、あの当時街の人の為に力づけてくれる人はなかった。文化寄席ばかりでなしに、ハッピを着て街の盆踊りには一緒に踊ってくれたし、街の発展策に夜おそく迄商店の人と話し合ってくれたり、全く惜しい人をなくしたものだ」と涙を流さんばかりに悲しがったという。

石川が「都市計画」と「都市」との縁が切れていることを問題視し、「都市計画家が本当に「都市計画家」の意識を享楽する為」に開始した「「都市計画技術室より街頭へ」」の運動」は、「建設せざる都市計画」、「誰でもできる都市計画」、「市民都市計画」、「自由都市計画」と様々に名付けられて、「法定都市計画ではない、痒い所に手の届くような、腹が痛いといえば此の薬で癒るとゆう都市計画こそ、一般の者が求めてやまないものではないでしょうか」という思考に昇華された。

石川が戦後に設立した日本都市計画学会は、現在でも都市計画の研究者を中心に専門家が集う日本で最大の都市計画関係団体であるが、学会の最高賞は石川の名前を冠した石川賞である。日本の都市計画において、官僚専門家のリーダーの一人であった石川自身が、官僚専門家に対する最大の批判的実践者であったことは幸いなことであった。

石川の活動の全体像は、二〇〇〇年代以降に再評価されるようになった。それは、石川の中に現代のアーバニストとの接点が見出された、ということでもある。

2　戦後の都市計画

†戦後の都市計画の民主化とプランナー

敗戦が日本の都市計画に与えた影響は小さくなかった。戦後の民主主義の思潮の中で、戦前の都市計画は官僚独善であったと批判された。確かに都市計画の立案から決定まで、都市計画地方委員会という市民からは距離のある場で行われていた。具体的に当時の都市計画に求められた民主化とは、主に計画立案過程における情報公開や民間参入であった。従って、実際の戦災復興計画の立案にあたっては、全国各地で計画設計コンペや、都市計画の展覧会が積極的に開催された。

当時の都市計画の民主化を巡る論点は、都市計画の専門家たちが組織した都市計画懇話会が一九四七年四月に開催した座談会の記録から把握することができる。「都市計画の民主化」を主題に掲げた座談会でのやりとりを抜粋してみよう。

早川「今、都市計画の当面する問題はどんなことでしょう」
秀島「都市計画の民主化が必要です。計画を民衆にわからせるようにすることが」
秀島「今までの都市計画は、地主とか、ボスにはつながっていたが、本来は人民のものであるべきだ。都市計画の効果が今までは人民によく理解されていなかった。主婦は主婦なりに、子供は子供なりに、サラリーマンはサラリーマンなりに、理解させることが必要です。例えば、交通地獄が起こらぬような町を組み立てる方法など──都市計画の改善や何かの要求が、市民の声として、力強く現はれるようでなければならない」

本城「日本の社会ではコミュニティ（共同体）の概念が熟していない。（中略）街の中に復興委員会をつくり下部組織から盛上る力によって、都市計画が進められるようにしたい」

秀島「市民が参与出来るよう機構を作ることが大切である」[4]

ここで応答している秀島乾（一九一一―一九七三）は、戦前、満州国国務院で新京の都邑計画に従事し、戦後、引揚げたのちは、フリーランスの都市計画家として活躍した人物である。この座談会の直前、石川栄耀らの発案によって設立された日本計画士会の事務局を担当していた。

日本計画士会の設立趣旨は「土木、建築又は公園緑地の個々の技術の単なる集結でなく、その総合を基礎とする一つの独立した技術」としての計画技術の資格を社会的に確立することであった。都市計画を民主化するにあたって、従来の官僚専門家ではない、民間の専門家としての資格が必要だと考えたのである。なお、「まちづくり」と読ませる言葉の文献上での初出は、日本計画士会の活動意義の解説において秀島が使用した「町造り」である。

秀島の実際の仕事は、いくつかの都市での顧問計画士に就任したほか、国や全国各地の自治体、あるいは日本住宅公団からの発注で、法定都市計画に捉われない大胆な発想で都市計画案を提案する内容であった。その多くは時代を超越していて実現を見なかったが、日本住宅公団と組んだ常盤平団地や東京オリンピックの会場となった駒沢公園など、実現した都市計画は都市計画学会賞を受賞するなど高い評価を得た。一方で、都市計画の民主化が目指したような市民をクライアントとした仕事というものは、ほぼなかった。

秀島は「今は、民間での都市計画の事務所など成り立つわけはない。お役人や、大学の先生などからの情報と、後押しをもらって、その場に飛びこんでいって、努力するだけなのさ。お金？　今は建築がいいから、建築でかせいで、そのお金を都市計画をやるために使うのさ。なぜ、そうするかだって？　単純なことだよ。都市計画が好きだし、やらなければならないと思っているからさ。やる条件が、たとえ十分ととのっていなくとも、それをやるための条件を作り出しながら、それに向ってゆく、これが僕の都市計画に対する生き方だから[5]」と語った。

まだ民間都市計画家は片手で数えるほどしかいなかった時代における秀島の孤軍奮闘が、アーバニストの文脈において重要なのは、秀島の想像力豊かな都市計画が秀島の生き方と重ね合わされていたからである。渋谷駅近くにあった事務所兼自宅で、図面を引き、友人と酒を飲み、また図面を引いた。組織に属さず、一人の個人として都市計画に向き合い続けた。

なお、日本において、民間の都市計画事務所が増加していくのは、一九七〇年代以降である。一九六〇年代、高度経済成長期に増加した都市開発の仕事の多くが、大学の都市計画系の研究室に調査研究として発注されていた。しかし、大学紛争において受託研究が批判され、大学で請け負うことは難しくなった。そこで、研究室の若手スタッフや大学院生たちが独立して、都市計画事務所を創設するようになったのである。

彼らは都市計画家でも計画士でもなく、プランナーと自称するようになった。当時はまだ法的位置づけがなかったフィジカル・プランの立案に重きを置いたこと、そのモデルが主にアメリカを中心としたプロフェッションであったことに起因する。つまり、専門家としての職能の確立こそが関心の中心にあった。民間プランナーの仕事の多くは国や自治体を発注元とした調査や計画立案であり、市民との距離はまだ大きかった。

†住民主体のまちづくりとまちづくりプランナー

　とはいえ、プランナーのありかたも少しずつ多様化していった。市民や住民が自分たちの地域の環境形成に主体的に関わり、それを都市計画の専門家が支援した最初期の例として、名古屋市栄東地区の町づくり運動が知られている。

　一九六〇年代の初頭に、この地区のふとん屋の店主、三輪田正男の発案で始まったまちの再開発計画は、日本住宅公団名古屋支所の技術者たちを巻き込み、住民参加のブレーンストーミング（ワークショップ）の開催、ミニコミ紙の発行、小学生を対象とした作文コンクール開催などのプロセスを経て、まちづくりの構想案が作成され、のちに名古屋市による住宅地区改良事業や土地区画整理事業として実現されていった。市民参加による都心の商住の共存する新しい市民文化を具現した街の創出という運動理念が地域で継承されるとともに、まちづくりのモデルとして全国的な影響力を持った。

　この栄東の町づくりにおける三輪田と専門家との関係について、都市計画研究者の広原盛明は、専門家たちは客観的立場から、三輪田の商業開発に特化した当初構想ではない、都心居住を主体とした案へと導いていったことを指摘している。そして、「三輪田個人の単なる思いつきの行動で終わったならば、栄東地区はまちづくりの歴史に名を留めることはなかった」としたうえで、「県市の官僚機構や政府特殊法人、大学に所属するこれら都市計画専門家グループが、自らの夢と理想を市民・住民活動に託して実現しようとした意志と行動のなかに、日本最初のまちづくりが世にでる原動力が秘められていたのです。その意味で栄東地区のまちづくりを実際に担ったのは、「市民」として行動した都市計画技術者・専門家だったといえるのかも知れません」と説いている。[6]

栄東が計画策定に住民が関わる「住民参加」のまちづくりの最初期例だとすると、住民自身が計画策定を主導していく「住民主体」のまちづくりの最初期例は、栄東の町づくりと同時期の神戸市の丸山地区での取り組みであった。神戸市の山麓部のスプロール地帯であった丸山地区では、十分なインフラ整備がないままに、高度経済成長期の乱開発が進んでいた。

一九六三年一一月、宅地開発のための工事車両の事故、騒音、振動、排気ガスへの抗議のための住民決起集会開催に始まった、「たたかう丸山」をスローガンとした活動は、神戸市や大学研究室の協力を得て、「五年後の丸山構想」づくりから、実際の遊び場や交流の場づくり、植樹運動へと展開していった。この過程では、大学研究室が住民に協力し、住民運動に参画しながら、調査研究、プランづくりを行うという経験がなされた。

一九六〇年代後半から一九七〇年代にかけて、東京では、品川地区再開発計画や国立歩

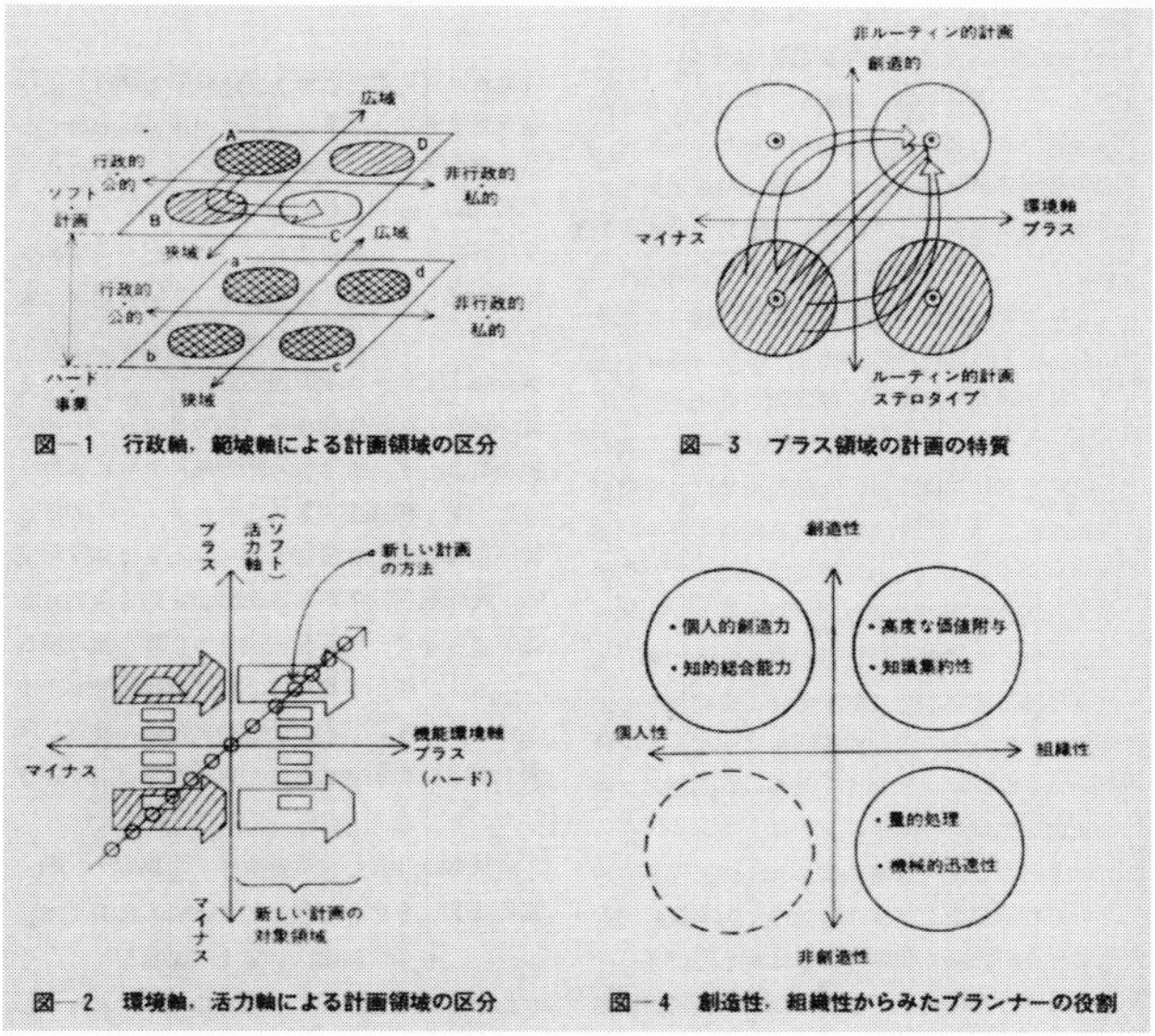

図 2-4　林泰義による計画領域の変化とプランナーの役割の図解

道橋反対闘争など、「抵抗の都市計画運動」とも称された住民運動が展開され、大学研究室を中心に、若いプランナーが住民側に立ち、参画した。当時、プランナーがどうあるべきかを議論した地区設計研究会の座談会では、特に国立歩道橋反対闘争について議論が交わされた。「住民運動に全面的にかかわるというのは、プランナーであろうとなかろうと、一人の人間としての視点や位置を回復しているということ[7]」だと締めくくられている。

その後、「住民主体」のまちづくりは、神戸市真野や世田谷区などで先駆的、継続的に展開され、「まちづくり」という言葉や概念が一般にも定着していった。これらの蓄積を踏まえて、「まちづくりプランナー」なる新たなプランナー像を打ち立てたのが林泰義（一九三六―）である。

一九六八年に大学院を出て、計画技術研究所を設立し、民間プランナーとして活躍していた林は、一九八〇年に創設された地区計画の制度設計に深く関与した。住民の発意や合意を重視する地区計画制度に携わる中で、林は「地方の時代、文化的成熟へ向かう流れの中で、プランナーの主流と傍流は、急速に変転し、その役割も住民主体のまちづくりの中で変化することは明らかである」[8]と感じていた。

林が一九八四年に『新都市』に発表した「まちづくりプランナーの役割」という論考では、「住民の一人としてのプランナー」像が提起された。まちづくりには様々な住民が集う「知恵の星雲」が生まれるが、「まちづくりプランナーは、この星雲の中のひとつの星又は星の群である。その役割は時により小さくも、大きくもなる」とした。その背景、根拠として、物的領域でのプランナーの役割を独自の切り口で整理している。すなわち、行政的広域から非行政的狭域への移行、環境上のマイナス領域からプラス領域へという課題の変化の中で、多様化するプランナーの役割を組織性と創造性というキーワードで提示したのである。

ここには、「アーバニスト的なるもの」へ向かう二つの軸、つまり、専門家と市民の接近とともに、マイナス領域（否定）からプラス領域（肯定）への転換も含まれていた。林は、一九九一年、行政と市場に委ねず、地域自身が自分たちの手で望ましい「生活の質」を実現していくためのプラットフォームとして、自身が暮らす地域にて玉川まちづくりハウスを設立した。まちづくりNPOの先駆けであった。

林はその後、NPOセクターの確立に尽力していった。一九九五年の阪神淡路大震災後の復興過程でNPOという概念への社会的認知が広がり、一九九八年にはNPO法が成立した。都市計画の専門家の歩みの文脈の中で、NPOセクターとともに登場してきたまちづくりプランナー、あるいは「知恵の星雲」の一つとしてのまちづくり市民は、本書で主題とするアーバニストと重なるところが大きい。

3　アーバニスト的転回

†一九九〇年代以降のアーバニスト的転回

一九八〇年代に「都市計画の専門家」の中から「まちづくりプランナー」が登場してきた一方で、一九九四年には日本都市計画家協会が設立された。その設立の趣旨では「都市・地域づくりの専門家をはじめ、これに関心を持つ文化人、経済人、学界、官界等多方面の有志が結集し、自由で実践的な活動を通じて、新しい次世代の都市計画を社会的に確立してゆくことが不可欠」だとされた。

設立発起人の都市計画家・伊藤滋は、設立記念のシンポジウムにて、「都市計画というのはもう一つ市民社会に広くしみ込んでいかなければいけない」「都市計画が単なる都市計画技術ではなくて、一つの都市の中につくり出されていく文化とか、非常に成熟した生活というものを刺激していく、そういう装置をつくっていく」「都市計画というのは一種の文化的な価値を創造する運動」[9]だと述べている。同協会の現会長の都市計画家・小林英嗣は「都市計画の専門家、まちづくり活動をしている人、街暮らしの人、街歩きの好きな人など、まちを愛する人ならばどなたでも歓迎します」[10]と呼び掛けている。

日本都市計画学会の学会誌でも、一九九〇年代以降、何度かプランナー論特集が組まれた。一九九四年の特集では、「都市づくりに関わるプランナーは、いわゆるフィジカルプランナーとして都市計画や都市開発等に限定された領域を専門とする人々に止まらなくなっている」として、社会・経済システム、生活や文化といった対象、さらには「プランナーと名乗らなくても、都市の未来に対する提案や展望を与えることで、プランナーの仕事に大きな影響を与える人々」の参画などの広がりを見出している。

二〇一二年の特集では、コミュニティデザイナー、国際開発、市長、まちづくり支援組織、弁護士、アートディレクターにまでプランナーの領域、視野を広げた。これらの特集からは、都市計画の担い手の広がりとフィジカル・プランニングという都市計画の専門性との間での葛藤も読み取れるが、基本的な姿勢としてはプランナーの活動領域の拡張や多様な分野からの都市計画への参入を肯定している。

二〇一〇年代になって都市計画関係者がまとめた二冊の仕事本がある。日本都市計画学会関西支部の次世代の「都市をつくる仕事」研究会が編集した『いま、都市をつくる仕事——未来を拓くもうひとつの関わり方』（二〇一一）と、饗庭伸・山崎亮・小泉瑛一が編集した『まちづくりの仕事ガイドブック——まちの未来をつくる63の働き方』（二〇一六）

である。

前者をまとめたのは、二〇代から三〇代の都市計画関係者による研究会である。同世代の若手の都市に関わる仕事を俯瞰して、その都市へのアプローチを、「複数の立場に身をおき、仕事につなげる」、「いろいろな経験を活かし、行政で挑戦する」、「「あたりまえ」を再発見し、自らまちを変える」、「裏方に徹し、地域に寄り添う」の四つに整理した。「魅力的な都市には必ず魅力的な人と仕事が存在している」という前提のもとで、一般的に想像される都市計画やまちづくりの仕事だけではない、都市に対する関わり方の広がり、また、その仕事への展開可能性を見出した（図2-5）。

後者は五カテゴリー、六三もの仕事を紹介することで、まちづくりという分野はまだ若く、専門職としてスタイルや方法が確立された仕事だけではなく、さまざまな課題に柔らかく創造的に取り組む仕事があることを示した。まちづくりを仕事にすることは、自分とまちとの間に小さな経済をつくりだすことと捉えた。

両書に共通しているのは、従来よりも自由で柔軟な都市への関わり方があり、そして、それを仕事とすることが現実に可能であるということを、これからの世代に伝えようという意識である。個々の仕事、人物の紹介がメインであり、これらの仕事を手掛ける人々の総称や総体としての運動的視界は特に意識されていないが、従来の都市計画やまちづくり

図2-5 「都市をつくる仕事」のひろがり

の専門家というカテゴリーを開いていこうという姿勢は、本書で見ていくアーバニストと重なる部分が大きい。

かつて、都市計画の専門家が都市計画家からプランナーへと呼称を変えていった際は、プランニングのプロフェッション確立が第一であった。しかし、上記の協会や学会の関係者の発言、そして近年の二冊の仕事本に見られるのは、むしろ、都市計画そのものを特定の職能、狭い技術に押し込めるのではなく、都市に主体的な関わりあいを有する幅広い人々の文化運動として捉え直す視座であろう。

なぜ、文化運動なのだろうか。都市の成熟、あるいは都市の衰退という局面において、これからの環境を創造していくのは、都市を生きる人々が有する文化の力への信頼ということだからなのではないか。

千葉県柏の葉をはじめ全国各地で新しいまちづくりの推進組織として定着しつつあるアーバンデザインセンターの経験を踏まえて、二〇一八年より「アーバニスト養成講座」が始まっている。「アーバニスト」は、従来のプランナーや建築家とは異なる。多様なスキルを駆使するまちづくりディレクターであり、「都市を都市らしくする専門家」と定義されている。

今、ここでは、こうした近年の展開を、都市計画家の「アーバニスト的転回」と呼んでおこう。しかし、都市計画の専門家のアーバニスト的転回をもたらしたのは、都市計画内部の問題意識や力学というよりも、次章でみる、より広範な都市への眼差しの変化と成熟の帰結であったと考えられる。

第３章

都市肯定論者の系譜

中島直人

一九六〇年代から一九八〇年代にかけて、都市計画の専門家が市民、住民としてのまちづくりプランナーへと活動の範疇を広げ、深めていくのと並行して、社会全体における都市への眼差しの変化があった。

映画評論家で作家の川本三郎は、一九七〇年代以前、都市は元来、人情レベルから大衆社会論のレベルに至るまで、人間の精神を荒廃させ、衰弱させる悪しき場所として語られてきたと指摘している。生産ではなく消費の場であることが勤勉のモラルと相いれず、多くを占める地方出身の都市生活者は、常に故郷を見捨てたという罪悪感を持っていたがゆえに、都市生活を享受しながらも、都市の悪口を言うことになった。しかし、一九七〇年代に入って、古い高度経済成長論的な都市のイメージとは違う、イレギュラーな部分に着目する「都市肯定論者」たちが登場してきたという。

「都市肯定論者」は、川本の造語である。たしかに一九一九年に始まる日本の都市計画は、都市問題への対処が目的であった。都市は何よりも問題という視点から、常に改善すべきものとして捉えられた。一九六〇年代の高度経済成長期には、例えば建築家・丹下健三による「東京計画1960」のように、未来都市が次々と提案されたが、その背景にあったのも、巨大化し、過密化する既存都市への批判的、否定的な見方であった。

そもそもコルビュジエに端を発するモダニズムの都市像は、既成市街地の否定が始まりであった。つまり、規範概念としてのアーバニズムは、しばしば眼前の都市の否定を前提としていた。それに対して、一九七〇年代に入ると、より身近な都市を等身大のまま愛でるようなまなざしでの都市論が登場し、そうした都市論者たちが都市で活動を展開するようになった。

大きな流れでいえば、第1章で言及した、アメリカの都市社会学における「アーバニズム」論における都市イメージの展開とも重なり合うが、川本はこの転換の理由を、「彼らの青春時代が、一九六〇年代後半の「新宿」と重なり合っていたことが一因ではないかと思う」と指摘している。一九六〇年代の政治の季節の新宿を舞台とした自伝『マイ・バック・ページ――ある60年代の物語』（一九八八）に描かれたように、川本自身もまた、そのような青春を送った一人であった。

1　六〇年代、新宿の街とメディア

†「若者の街」新宿と副都心建設

一九六〇年代、若者たちは新宿に集った。のちに『新宿プレイマップ』の編集長として一九七〇年代初頭の新宿を切り取る本間健彦（一九四〇―）は、回想録にて、「若者の街」と呼ばれていた一九六〇年代の新宿について、パリの五月革命や対抗文化を志向するアメリカのヒッピー・ムーブメントが飛び火したような様相や熱気があったと記している。新宿は若者たちの巡礼都市だったという。

その一方で、一九五八年の首都圏整備計画で渋谷、池袋とともに副都心に指定された新宿では、一九六〇年に淀橋浄水場移転跡地に業務街を新たに建設する「新宿副都心計画」が都市計画決定され、一九六〇年代を通じて、その計画策定、そして実際の土地売却が進んでいた。カウンターカルチャーの拠点、「若者の街」としての新宿と、首都圏整備の観点からトップダウン的に動き始めた副都心としての新宿とが相当な距離を保ちながら、奇妙に並存していたのが、一九六〇年代の新宿であった。両者は生活＝実態と計画＝規範というアーバニズムの両義性の構図としても理解できる。

このアーバニズムの両極を一体的に思考しようとしたのが、詩人の関根弘（一九二〇―一九九四）であった。戦前は無政府主義、戦後は共産党員、そして『思想の科学』同人としての活動も知られ、「列島」や「現代詩」などを通じて、前衛を探究し続けた関根は、一九五〇年代末に自宅を新宿近辺に移して以降、新宿を題材とした詩作に加えて、『新宿盛り場・ターミナル・副都心』（一九六四）とその改訂版である『わが新宿！　叛逆する

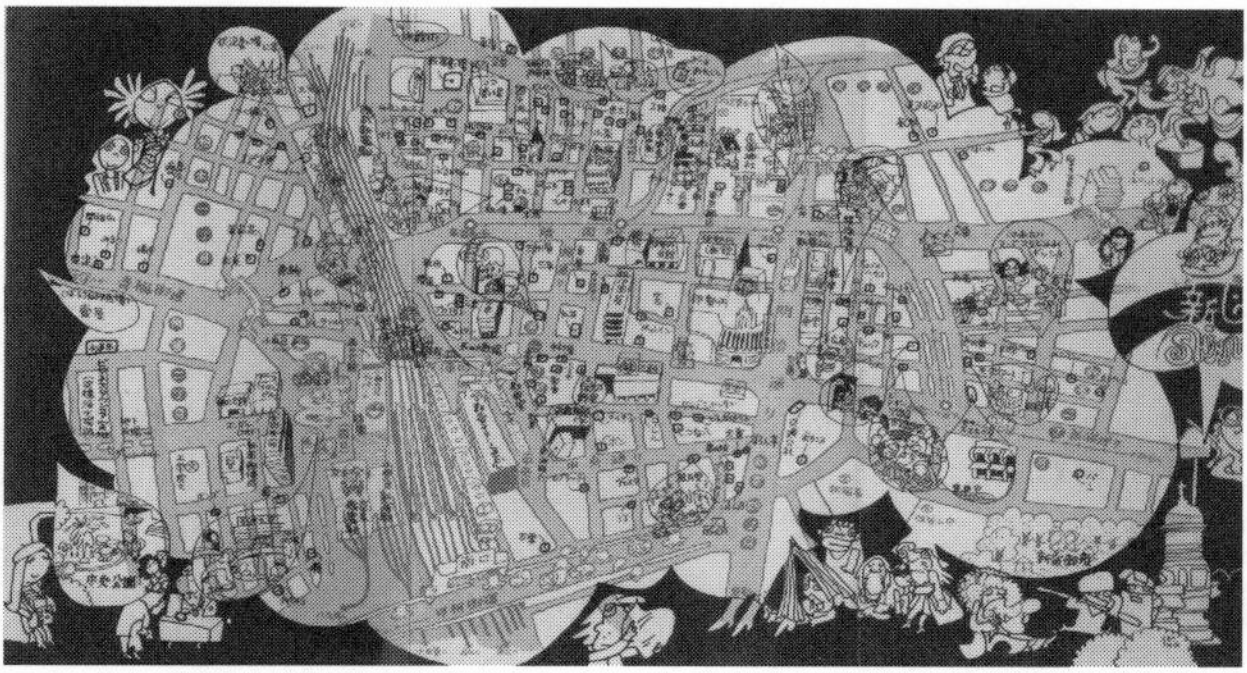

図 3-1　1960 年代末の新宿地図

町』（一九六九）という書籍を出版し、新宿を問うた。

関根はこれらの書籍で、家出娘、売春、歓楽境といったテーマで「動いている巨大な街」を捉え、中村屋から闇市、歌舞伎町誕生秘話までの新宿の街の歴史、新宿の盛り場の各個店について語るのと同時に、「新宿よどこへいく」として、新宿副都心計画について別途章を設けて、その内実に迫った。ヌード・ペインティングやアングラ劇場のホモ劇、全学連のデモ、乱交パーティ、ハプニング劇がグラビアを飾る一方で、新宿副都心計画について丁寧に取材し、その課題を浮き彫りにした。

関根は、新宿という街が自分の心に隙をつくらせないのはなぜなのか、を問うた。しかし、新宿とは何かと大上段に議論するのではなく、「散歩すること」から思索を始めた。散歩を重ねるうちに、新宿を捉える巨視的な展望を持つようになった。そしてさらに散歩を続けることで、「この落着きのない町で生きるには、自分もまた主役にならなければならないのだ」と悟ったという。

関根は続ける。「町から与えられるものをお仕着せのように受けとっていては、ムザムザお尻の毛を抜きとられるようなものだ。新宿はオレを中心に回転しているのだと思わなければダメだ。そういう新宿がはじめて「存在する」ので、その他の新宿は誰にとっても無意味なのだ」と。新宿に対する主体意識が、散歩によって芽生えたのである。

しかし、新宿の街は一九六〇年代末に激震に見舞われる。一九六七年頃から異様な風体で「フーテン」と呼ばれた若者たちが新宿の東口広場に集まり、騒ぐようになった。治安の悪化を危惧した地元商店会組織は明朗化の陳情を出し、一九六八年八月には新宿駅周辺環境対策委員会という自衛組織を発足させた。すでに一九六八年六月には、花園神社境内でゲリラ的に開催されていた唐十郎のテント劇場が追放されていた。

翌一九六九年の春頃からは、新宿副都心計画の一環として、坂倉準三が設計した新宿西口地下広場に若者たちが集い、反戦フォーク集会を開催するようになった。特に「べ平連」が毎週土曜日に開く集会の規模は大きくなっていき、五〇〇〇人もの人々が広場を埋め尽くすことになった。一九六九年六月、このうちの暴徒化した一部の群衆の排除のために機動隊が出動し、フォーク集会を一掃した。

そして、七月には西口地下「広場」は西口地下「通路」へと名称変更となった。ここは通路なので、立ち止まることを禁じるという論理で、以降、集会が禁止となったのである。関根が著書『わが新宿！』で、西口副都心計画によって新宿が変貌しようとも、結局は「新宿はわれわれのものになるだろう」と宣言してから半年も経過していなかった。関根はすぐさま、「こんなバカな話があるだろうか」と、「広場」を「通路」と強弁する東京都に対する批判を朝日新聞に投稿した（一九六九年七月二四日）。

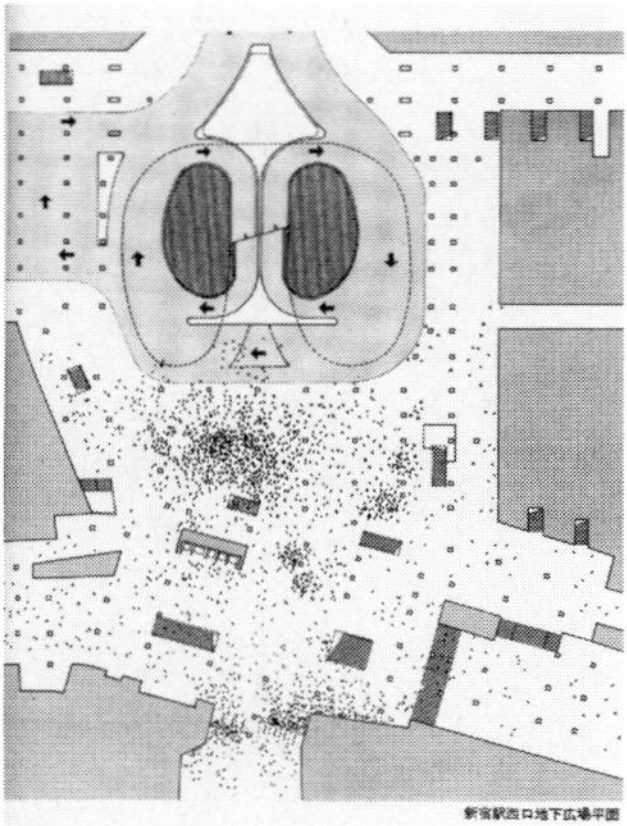

図3-2　新宿駅西口地下広場でのフォーク集会に人が集まる様子

以後、公共的利用という面からこの変更も致し方がないという意見から、抵抗的市民のための広場を失ってはならないという意見まで、新宿駅西口地下広場を巡って様々な議論が交わされたが、通路が広場に戻ることはなかった。そして、この新宿という一つの街一つの事件を象徴的な契機として、若者たちと都市との接点は、実空間としての広場での抵抗的政治行動から広場としてのメディアの構築へと移行していくことになった。

†『新宿プレイマップ』に集った「街っ子」

一九六〇年代から一九七〇年代にかけて、学生運動、市民運動の盛り上がりの中で、従来のマスメディアとは異なり、当事者の視点から情報、主張、議論を発信するメディアが誕生した。それらは総称して「ミニコミ」と呼ばれた。

「自分たちの生き方や場所の解放と獲得運動」であったミニコミの中でも、特定の都市、街をテーマとしたのがタウン誌であった。社会学者でジャーナリズム研究を専門とした田村紀雄の『タウン誌入門』(一九七九)によれば、「中央集権化された出版流通制度に代表される雑誌ジャーナリズムの外にはみ出し、地域主義的な思想に立ち、それぞれの町や市で、多少なりとも自立性を求めた定期刊行物」と定義されるタウン誌は、一九七〇年代にブームとなり、一九七九年末の時点までに全国で四〇〇誌程度発行されていたという。

その嚆矢の一つは、一九六九年六月に新宿で創刊された『新宿プレイマップ』であった。発行元の新都心新宿PR委員会は、新宿の商店会や百貨店の幹部が名を連ねた団体であり、会長は酔人文化人として知られていた紀伊國屋書店の田辺茂一であった。新宿副都心建設が進行する中で、「新宿を新しい都心として飛躍的に発展させよう」という目的で設立された。

一九六八年一一月に新宿に拠点を置く文化放送から発信された「新宿メディアポリス宣言」が、活動の出発点であった。「新宿は、日本の青春なのだ」とうたった「新宿メディアポリス宣言」では、青春を動かすのは「メディア」だとし、「新宿を「メディア」にあふれた都市にしたい」というビジョンが語られた。そのメディアポリス実現の為の最初の事業が街のPR誌の発行であった。奇しくもその創刊は、新宿駅西口地下広場の通路化の直後のタイミングとなり、宣言自体は当初から空虚なものとなってしまった。

しかし初代編集長に就任した、元『話の特集』編集部の本間健彦は、「せめても、〈誌上広場〉を創ろう！」と決意し、従来的な街のPR誌に替えて、「タウン誌」という言葉をつくり、新しいジャンルをアピールした。一九七二年四月までの三年間、全三四号が発行された『新宿プレイマップ』には、新宿のカウンターカルチャーに関わるあらゆるジャンルの人々が、発行元の要求するPRという趣旨とのぎりぎりのせめぎ合いを経て、誌面をにぎわした。広場そのものについてもたしかに取り上げられたが、それ以上に、タウン誌というメディアの中に新宿という街が詰め込まれたのである。

『新宿プレイマップ』はタウン誌としては異例なことに、全国に読者を持ち、新宿を中心とした都市文化の全国的な伝播に一役を買った。そして、大事だったのは、このタウン誌発行の経験を通じて、編集者の本間や、あるいは本間が付き合ったミニコミ関係者たちが、アーバニストの原型となる活動を展開したということである。このことを例証するには、本間の『新宿プレイマップ』廃刊後を見ていく必要がある。

一九七二年九月、本間は『街頭革命――新しい風を呼ぶ青春論』を出版する。本間はスケールの大きな「都市」でも、従来からある町内会的な保守性がつきまとう「町」でもない、「街」について語っている。

本間は、「街」の条件を「一、息がつまるほど小さくなく、また自分の手にとどかないほど大きすぎないスペースをもつこと。二、コミュニケートが円滑に行われる風通しの良いメディアであること。三、一個の自立した人間同志の、自由な〈精神〉と〈生活〉の場でありうること」の三点にまとめている。そして、自分は新宿や東京といった固有名詞は不要の、無名性の中に自分を埋没させられる「街っ子」だと宣言した。

そのうえで、本間は、『新宿プレイマップ』の経験を念頭に、タウン・ジャーナリズムの論理を「街はいったい誰のものなのか？　もしかりに誰かさんのものであるとしたら、どうして誰かさんのものだけにしておいて、わたしたちのものとしないのだろうか？」という問いとして説明した。

本間がこの本でも強調するのは、街がメディアであるということである。「〈街〉はメディアなのである。そして、メディアというものは、そのメディアに属する一人ひとりが積極的に関与していくとき、はじめて生きてくるものなのである」「〈街〉というメディアを考えることは、自分自身を問うことであり、自分自身の〈生〉を生きることなのである」と。国家と似た支配の構造を持つ「都市」が「街」を侵食していく様に危機感を表明し、「街」にこだわりぬくこと、そのためには「俺自身が街なのだ！」から出発すべきだとして、その「街」との関わり方を性、夜、ロック、幾人かの先人たち（「アソビ人間」横尾忠則や「人生賭博師」寺山修司ら）を通じて綴った。

本間は「専門家だけにまかせておいてはいけないのである。知識や論にいたずらに圧倒され、口つぐんでしまってはいけないのだ」「生きているのは自分自身ではないか！」と、若者たちに呼びかけたのである。この本に解説を寄せたマルクス主義の歴史家・羽仁五郎は、本間の生き方の柱には「〝広場〟の要求」と「不戦の思想」があり、それらは本間のみならず、「新しい世代の共通項」であると指摘していた。

†街っ子から街人間へ

本間はその後、「タウン・オデュッセイア（街の漂流者）」として、様々な職業を遍歴し、一九八五年になって自分自身で街や都市に関わるプロデュース会社を起業した。その傍ら、飲食業界の専門誌に連載を持ち、一九八九年に『街を創る夢商人たち』にまとめた。

この本では、「都市や街の片隅で、希望の実践という立場から都市や街にかかわる〈街人間〉たちが大勢出現しつつある事実を語りたい」として、全国各地の街で「新しいタイプの商業者」として活躍する、いわば本間と同じような青春を過ごしてきた元「街っ子」を多数、紹介している。

例えば、東京藝術大学大学院在学中に「自分たちの必要なものはできる限り、自分たちの手でつくりだす」という生き方を標榜して「移動大工集団」を結成し、商品を売るだけでなく、生活を創り上げていくためのベースとしての店づくりを次々と手掛けていった『ほんやら洞』の早川洋三、岡崎市で文化都市づくりを標榜し、街メディアの一つとして喫茶店を立ち上げつつ、タウン誌『リバーシブル』を創刊した鈴木雅美、大手デベロッパーに荒らされる前に、非商業立地の芝浦運河沿いの倉庫に先端的な飲食店を出店しはじめた感度の高いオーナーたちと「芝浦スタイル」を確立させようと動いた仕掛け人の海運会社の鶴岡純一、池袋の人生坐、文芸坐といった映画館のオーナーで、演劇の街・池袋のまちづくりのために西武や東武、行政を説得し、東京国際劇場祭の開催にこぎつけた三浦大四郎などである。

本間は「彼らの何よりの関心事で重大事は、どうしたら既成の文明社会に全面的に与することのない自分の生き方を構築できるかという点であった。そしてその第一歩を、まず自分たちの棲んでいる街や町の中で、自分たちの生活と文化を少しずつ着実に形成していこうという生き方をそのときはじめていたのである」と総括している。

なお、本間自身も一九九二年、五二歳になって、あるべき姿のタウン・ジャーナリズム創出への挑戦として、『街から』という誌名のミニコミを地元の東京都北区で創刊した。その創刊号の巻頭には、『新宿プレイマップ』の一九七一年四月号に掲載されていた作家・虫明亜呂無のエッセイ「街の贅沢」が再録されている。虫明は「仕事はきびしい。能力が要求される。が、仕事をはたしさえすれば、生活のゆとりが保証される。だれもが、好むがままに、生活をたのしめる。軽く爽やかに、たのしめる、自分の生活を心ゆくまでたのしんで、ひっそりと生きていられる」「それが街のぜいたくである。街のたのしみである」と書いた。『街から』は、途中の五〇号以降は北区という地域の限定を外し、二〇一九年二月に廃刊になるまで一五七号が発行された。

一九六〇年代末から一九七〇年代にかけて、カウンターカルチャーに深くつかったかつての若者たちは、ミニコミや店舗づくりといった「メディア」を通じて、自分の生き方を都市や街と重ね合わせた。その行為に、アーバニストの原型を見出すことができる。

2　都市を肯定する

†都市を歩く都市肯定者たちの時代

本章の冒頭で紹介した川本三郎の「都市肯定論者」の誕生論は、一九八九年に出版された望月照彦『都市民俗学2　街を歩き都市を読み取る』の解題であった。望月照彦（一九四三―）もまた、本間と同様に、この世代の、この時代の都市への関わりを代表する人物であろう。

本間の『街を創る夢商人たち』には、望月との対談が収録されている。望月は本間の本の問題意識を「行政とか資本の側だけの街づくりでなく、なぜ普通の市民の側からの街づくりが起こせないのか。いや、勢力こそまだ小さいが、そういう動きが出てきている」と読みといた。おそらく、それは望月自身の実感でもあったのだろう。

建築学科出身の望月は、学生時代、コンクリートの箱の並ぶ団地の中庭に、ふと一台の屋台がやってきて風景が一変した体験から、都市や建築の計画学が何かを見落としてきたことに気づいた。それが〈マチ〉であった。単行本デビュー作『マチノロジー――街の文

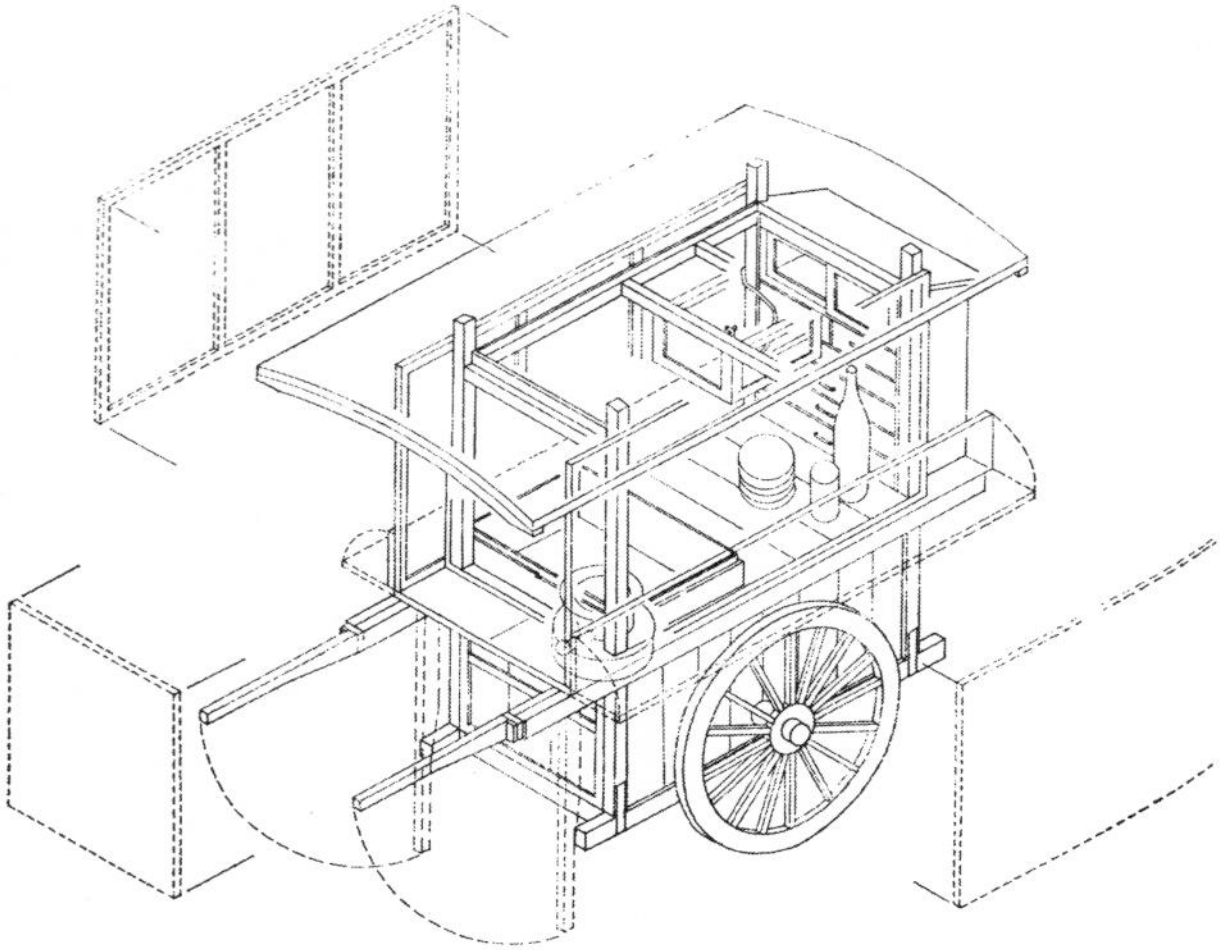

図 3-3　望月が着目した屋台

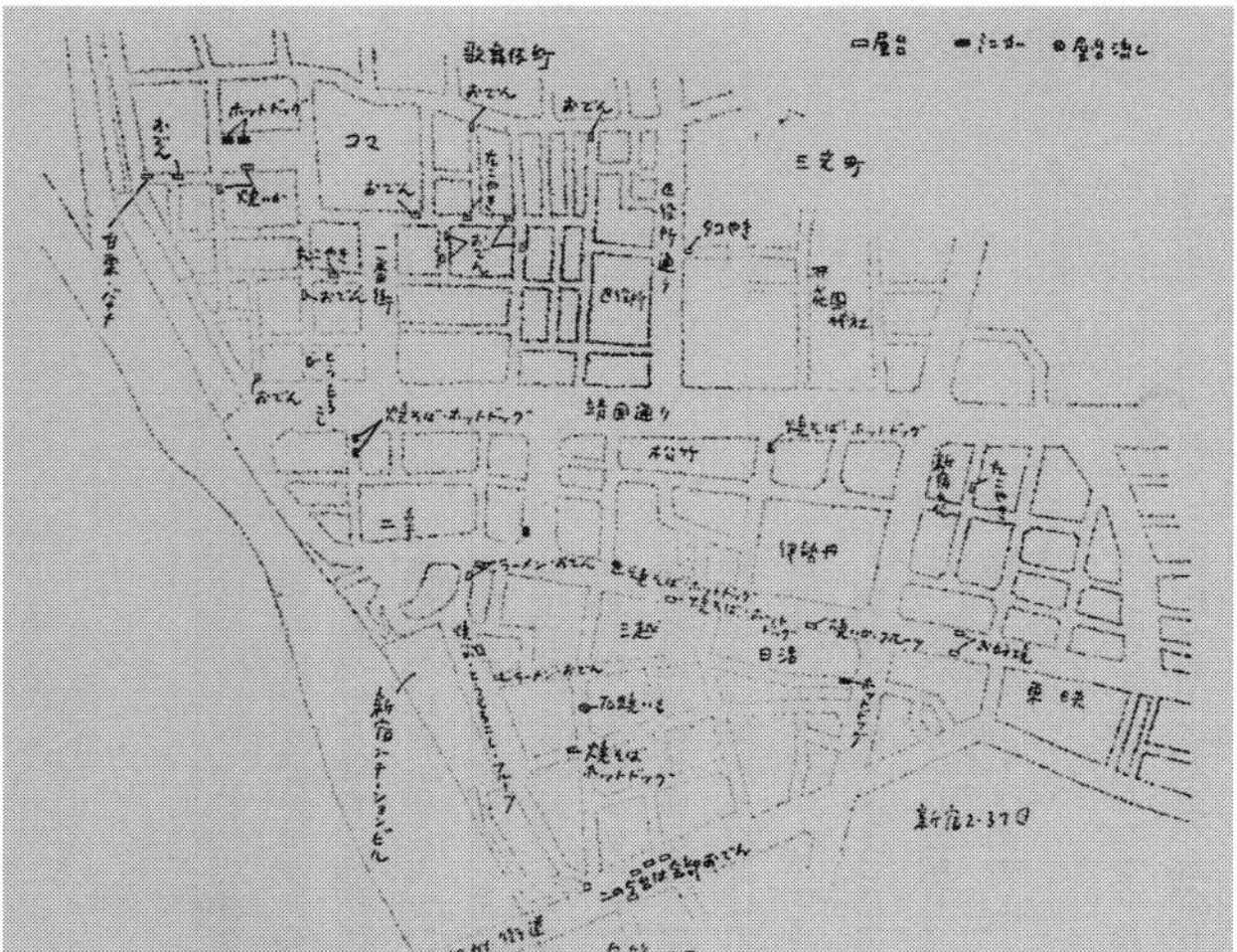

図 3-4　新宿東地区の屋台調査

化学』(一九七七)以降、都市のフィールドワークを続け、プランナーとしても実際のまちづくりに関わっていった。望月の都市に対する態度は、次の言葉に集約されよう。

都市を対象に研究したり計画したりする人間は、都市を少しでも人間にとって暮らしやすい空間にする努力をしなければならないのだが、一方現に多くの人々が都市に集まってきてどうにか住んでいる、という事実も同時に着目しなければならない点であろう。すなわち、都市の楽しさ、賑わいの活力、人間相互のコミュニケーション等々、都市であるからこそ楽しい暮らしや生活のプラス面、メリットへの着目である。これらの事象は、暮らしの環境の劣化を結果として招いてもいるが、他方、営々と続けられてきた都市の歴史の中で、少しずつではあっても人間のためのいわば文化的資産となって結晶化してきているのである。都市の歴史がようやくにして、都市の資産を生み、それが未来に向けて資源化してきつつあるのではないか、と思う。[1]

川本はこうした姿勢を高度経済成長期の都市論とも異なる「都市肯定論」と捉えたのである。都市肯定論に根差した行動者、実践者の第一の特徴は、都市を歩く、ということであった。望月がマチノロジーを打ち出した一九七〇年代、都市を歩く、ということが都市への関わり方の方法論として強く意識されるようになった。

例えば、一九六〇年代に未来都市像を盛んに描いていたイラストレーターの真鍋博（一九三二―二〇〇〇）が一九七四年に出版した『歩行文明　あるく人、あるく街、あるく時代』は、都市を歩くことの意味、意義を明快に論じている。「生活のための素朴なドラマを発見する」ことを中心に、歩行にまつわる風土、文化、技法などが、都市論として綴られている。歩行都市とは「個人の歩行、個人の生活を尊重する都市であり、同時に、みんながみんなの歩行を尊重する都市」であった。そして、「それをつくりだすのは、建設省でも都市計画家でもない。われわれ自身だ」と、創造へと踏み出そうとしていた。

日本を代表するペデストリアンともいわれたノンフィクション作家の枝川公一（一九四〇―二〇一四）の『都市の歩き方』（一九七九）も、都市を歩くことへの方法的関心を象徴していた。枝川は「都市歩きがいかに楽しく、心地よく、ときには興奮をさえ伴う」ものであるかを、都市地図の使い方からストリートと路地、坂と丘、高層ビル、乗り物、電話機や自動販売機、光と闇、音、川といった都市の着目要素をとりあげて、具体的に解説した。「都市を歩く」とは、端切れを集めてつくるキルト縫いと同じ「手仕事」であり、身体の全体をつかって、自分の中に自分の都市像をつくりあげていく行為であると説いた。

また、大学時代に探検部として世界中を飛び回った経験を持つ磯貝浩と松島駿二郎が立ち上げた創作集団ぐるーぷ・ぱあめによる『都市探検入門――はじめての街を知りつくした遊び場に変えてしまう画期的マニュアル』（一九七八）では、都市歩きの対象が世界中の八四都市へ広がり、マニュアルの名に相応しく、その実践がルポルタージュされている。彼らは、都市探検は決して生産的な行為であるとは言い難いとするが、しかし、その過程において、「街とあなたが一体となってしまう至高の時」があるのだと、その状態を表紙の「人」の字のモンタージュで示した。

いずれの著者も、個人としての私と都市との関係の構築、関係する瞬間を生み出す方法として、「都市を歩く」行為を捉えていた。

†肯定的都市探究

一九七〇年代の建築や都市計画のジャーナリズムでは、『都市住宅』（一九六八―一九八六）が、こうした都市を歩く、つまり都市のフィールドワークに誌面を提供し、若者たちに大きな影響を与えた。望月のマチノロジーも、最初の発表媒体は『都市住宅』の「町の見方」特集（一九七五年三月号）であった。

そのほかにも遺留品研究所による「URBAN COMMITMENT」（一九七一年七月号）、元倉眞琴による「アーバン・ファサード」（一九七一年六月号―一九七二年九月号に連載）、上田篤責任編集で京都の町家をサーヴェイした「義理の共同体」（一九七二年一〇月号）、重村力責任編集の「木賃アパート」（一九七三年二月号）、集落構造研究会による広島の原爆スラムのフィールドワーク「不法占拠」（一九七三年六月号）、水環境調査研究グループによる郡上八幡のフィールドワーク「水縁空間の構造」（一九七七年三月号）など、まちを歩き、調べ、表現するといった付き合い方を示す特集が目白押しだった。

そして、建築史分野からは、陣内秀信（一九四七―）がイタリア留学から持ち帰った、建物や街路を都市組織として一体的に扱うティポロジアという方法を手に、東京の街を歩き始め、『東京の町を読む――下谷・根岸の歴史的生活環境』（一九八一）を出版した。そして次作、『東京の空間人類学』（一九八五）で一躍、時の人となった。

また、藤森照信（一九四六―）は、東京の近代建築巡りを徹底して行い、その途中で防火の意識から独特のファサードを持つ商店建築である「看板建築」を発見したりしていたが、その「建築探偵」としての活動は、一九八六年の赤瀬川原平や南伸坊らとの路上観察学会の設立につながった。

陣内と藤森は、互いに、空間派とモノ派だとそれぞれの違いを強調したが、共通点は狭い意味でのアカデミックな世界に閉じず、社会に開かれたかたちで、現在の都市の魅力をその歴史的基層を含めて見つめる視線を確立させたことにある。

陣内や藤森らの東京を中心とした動きに対して、関西でも、『文明の生態史観』(一九六七)を著した文化人類学者の梅棹忠夫や『しぐさの日本文化』(一九七二)、『遊びと日本人』(一九七四)などの日本文化論でも知られるフランス文学者の多田道太郎ら京都大学人文科学研究所のいわゆる「新京都学派」の共同研究に影響を受けた建築・都市計画学者の上田篤(一九三〇―)、その弟子筋にあたる鳴海邦碩(一九四四―)らが、京都大学、そして大阪大学の研究室を中心に都市空間の生活史研究、フィールドワークを進めた。

上田の町家論『流民の都市とすまい』(一九八五)は毎日出版文化賞を、鳴海の都市論『アーバン・クライマクス――現象としての生活空間学』(一九八七)はサントリー学芸賞を受賞するなど、やはりアカデミックな世界の先へ向かうものであった。

とりわけ鳴海は、デビュー作『都市の自由空間――道の生活史から』(一九八二)において、「都市は巨大なメカニズムによって自立的に変化しているのではないかという考えがある。しかしわたしたちは、そのような都市にかかわる糸口を見出さなければならない」という問題意識から、人々が雑踏する街路や広場を「自由空間」という新しい概念で捉え、「都市が都市であるための本質的なもの」を探究した。続く『アーバン・クライマクス』では、「古いものが新しくて、新しいものが古くなる。わたしたちは今イズムにこだわらず、都市とは何か、都市の魅力とは何かを問いかけ、その中から将来の都市に期待

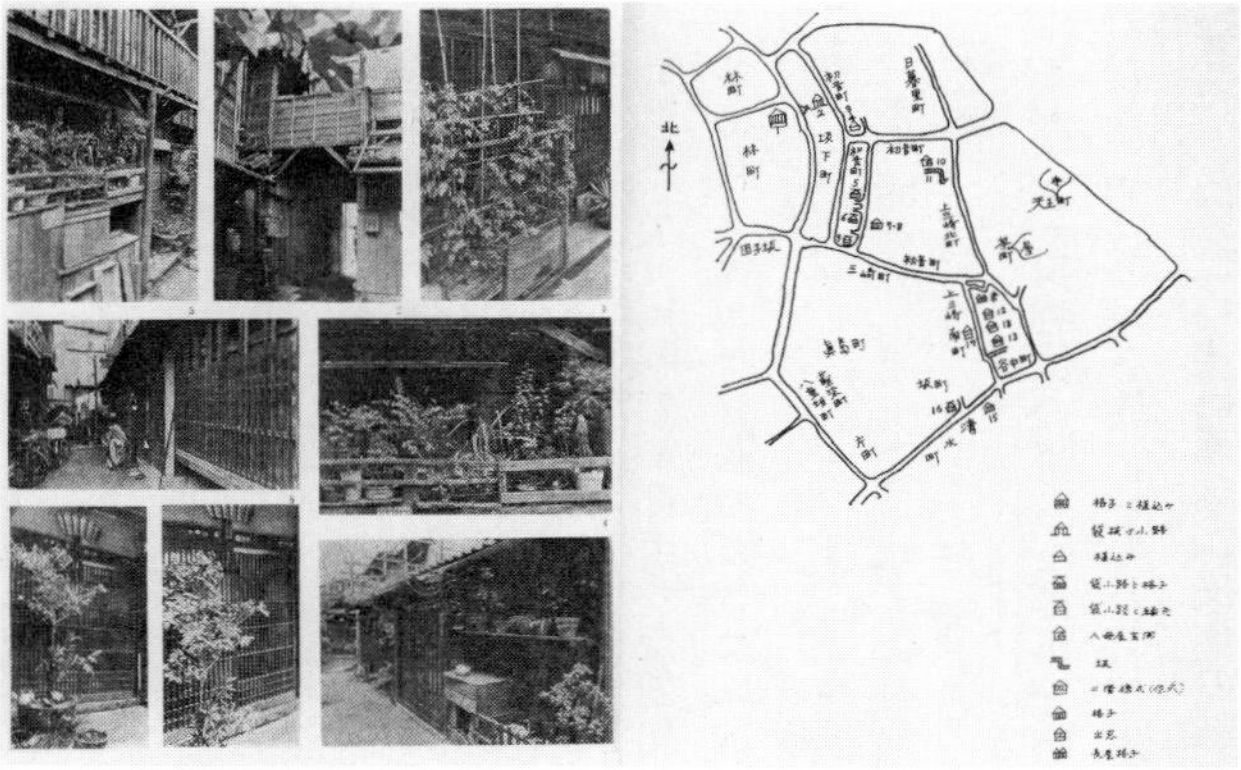

図 3-5　吉本隆明による谷中の民家地図

されるイメージを拾い集めなければ本当の都市を失いかねないのである」と呼びかけた。鳴海と問題意識を共有した教え子の橋爪紳也（一九六〇―）らが、大阪を対象とした都市の魅力の歴史的な発掘をさらに推し進めていった。

†都市観の転換と詩人たち

なお、こうした肯定的都市観の出発点の一つとして、詩人・評論家の吉本隆明（一九二四―二〇一二）の「都市はなぜ都市であるか――都市における民家覚え書」にも言及しておきたい。詩人の田村隆一（一九二三―一九九八）が創刊した雑誌『都市』の創刊号（一九六九年一二月）に掲載されたエッセイである。

吉本は、自らが暮らす谷中において、表通りはもちろん、路地、袋小路に存在する民家を採集し、その格子戸や二階の形式などに着目し、記録し、論じている。「わが近代の展開がもたらした諸悪と諸善が、これらの民家とその住人の真うえをとおりすぎたにもかかわらず、いかなる意味でも爪跡をのこすことができなかったという証拠を、これらの民家が提供している」と論じた。吉本は「みづからは何ものをも意味しないのに、存在すること自体が価値であるといったものがこの世界にたしかにありうる」と締めた。

吉本自身が作成した二枚の谷中の地図（谷中変型略図と、採集した民家のプロット図）が、よくよくまちを歩いた事実を伝えている。一九六〇年代にありがちであった構想や観念からではなく、体験や技術から都市を論じる、という方向転換を鮮やかに示している。

もちろん、掲載誌『都市』を創刊し、編集を務めた田村隆一こそが、当時の都市と最も真摯に向き合った詩人であったことも大事な点である。田村は「ぼくらもまた、詩を書き、読むことによって、人間のための真の「都市」を発見しなければならない。ぼくらにとって、「人間の都市」を建設する資材は、言語と、それを生み出す沈黙しかないのだから[2]」と綴っている。

また、この時代の詩人と都市という視点では、『都市』創刊号にブージェというフランスの詩人の訳詞を載せた詩人・安藤元雄（一九三四—）にも言及しておきたい。すでにこの時、安藤は自宅のある神奈川県藤沢市の辻堂南部で、都市計画道路建設、区画整理に反対する運動を契機とした住民主導のまちづくりを展開し始めていた。安藤はのちに再開発・区画整理事業反対の全国組織のオピニオンリーダーにもなる。彼の著作『居住点の思想――住民・運動・自治』（一九七八）には、住民運動から始まる自治的まちづくりの思想的、理論的基盤が収められている。詩人たちの鋭敏な感性もまた、この時代の都市観と都市づくりの転換に深く関わっていたといえよう。

3　消費・情報化社会から生まれるアーバニスト像

†一九八〇年代、消費・情報化社会と都市論

一九七三年のオイルショックによって高度経済成長期は終わりを告げたが、一九六〇年代に本格化した消費社会は進展し続け、一九八〇年代には消費される商品の主流はモノから情報へと移り変わっていった。メディアでいえば、そうした動きの先駆けが、一九七一年創刊の『コンサートガイド』（一九七五年に『シティロード』に改称）、一九七二年創刊の『ぴあ』であった。また、一九七六年創刊の『ポパイ』や一九八〇年創刊の『ブルータス』などが、読者を徹底的に消費へと向かわせた。

そうした消費社会、情報化社会の到来と都市づくりとの関係を象徴したのは、一九七三年に渋谷の公園通りに進出したパルコであった。パルコを牽引した増田通二の一九六〇年代カウンターカルチャー志向が、一九八〇年代になって若者たちのサブカルチャーとアートに転換されるかたちで広く受容され、「パルコ文化—八〇年代—渋谷—公園通り」という強いイメージが築きあげられていった。

パルコが一九七四年に創刊した、「タウン・ライフ・グローバリズム」をコンセプトとした読者参加型のサブカルチャー・パロディ雑誌『ビックリハウス』の編集長で、アーティスト、ディレクターであった榎本了壱（一九四七—）は、一九八〇年代半ば、「最近、街をつくっているもの、街をプロデュースしているものは、雑誌というメディアじゃないかという気がすごくする」[3]、「僕が公園通りについて感じたことっていうのは、今までに自分が雑誌とかパロディのイベントとかやってきてる中で、あ、これはある種の街作りに参加してるんだな、っていうことなんです。質量としての建物を建ててるわけじゃなくて、情報を流したり人が集まるための一つの事件を起こす、あるいはみんなの好きな病原菌を撒き散らして、症候群を作る。それが街を作るんじゃないか、街を活性化する仕事なんじゃないかと思って」[4]と、メディア、情報と公園通りという街＝都市空間との関係を語っていた。

同時期に、都市と文学の関係についてエポックメイキングな研究を展開していた文学研究者の前田愛は、一九六〇年代から一九八〇年代への都市論の接続関係を、当時、「メディア」「イベント」「空間」で整理していた。「メディア」については、一九六〇年代の学生運動を発端に「メディアの革命」が標榜され、一九七〇年代前半にはミニコミが生まれたが、そのミニコミが商業ベースに取り込まれるかたちで、『シティロード』などのタウン情報誌、そして投稿ベースの『ビックリハウス』へと展開した。

一方で、祭り＝「イベント」という点では、一九六九年の新宿駅西口広場での出来事がやはり決定的で、「空間というのは制度的に固定されたよそよそしい場ですが、そこにコミュニティを創り出す人間の動きが、空間を場所に変貌させる」ということが確認され、それが商業ベースになり、パルコの公園通りという「空間」の戦略に展開した。つまり「ここでの空間の捉え方や、祭りの要素。祭りというのは一年一度の晴の日になるわけですが、パルコというのは年がら年中、晴で、裏の日がない」ものを生み出したと解釈した。[5]

一九七七年にパルコが創刊したもう一つの雑誌『アクロス』は、都市のマーケティングという分野を先取りして提示し、それを消費分析に留めず、文化分析にまで広げた。一九八二年にパルコに入社し、『アクロス』編集室に配属され、のちに編集長まで務めた消費社会研究者の三浦展（一九五八―）は、「消費者、生活者の新しい思想、価値観を分析する「流行思想」の雑誌だとも思っていました」と回想している。[6]

また、人々が自分の欲望を全面に出して生きていく社会を「ファッション化社会」と名付け、一九七〇年に同名の著書をベストセラーとした浜野安宏（一九四一―）は、当初のファッションからブティックをはじめとする空間づくりへと仕事を広げていき、一九七四年に『人があつまる　界隈の発見→情緒都市→棲息都市』を上梓した。

この本で浜野は、「欲望や情緒や想像力や、その産物であるファッションから都市を生かしなおす時がきている」とし、「ファッション都市」を標榜し、その中で「都市における積極的存在をめざすこと。そういう生きかたをしてみたい。マチに生かしてもらうのではなく、マチを生きて、マチを生かし、マチを形成してゆくのである」と、都市への主体的関わりを構想した。

浜野率いる浜野商品研究所（一九九二年に浜野総合研究所に改称）は、一九七五年にオープンした表参道の「FROM-1st」、「手の復権」による新しいライフスタイルの提案をかかげて一九七六年にオープンした「東急ハンズ」、一九八一年に六本木・飯倉片町にオープンした「AXIS」の企画、プロデュースなど、ジャンルを横断したコンセプトワークを都市で次々と展開し、新しい生活像を提示し続けていった。

†『アーバニズム宣言』とアーバニスト

一九八〇年代には、ファッション化した都市情報の先に都市文化や都市生活への先駆的な取り組みがあった。それらに牽引されて都市情報はビジネスにとって必須になっていった。一九八五年には博報堂生活総合研究所から『タウンウォッチング——時代の「空気」を街から読む』が出版され、すぐに増刷を重ねた。一九七〇年代に都市を歩くことを個人としての私と都市との関係構築の方法論として意識した人たちと異なり、『タウンウォッチング』の都市への眼差しは、ビジネスチャンスを探すものであった。

『ビックリハウス』の榎本は、この『タウンウォッチング』について、「カタログ・マガジンによる都市情報が若者たちを街へかりたて、次々と新しい現象を扇動していったのに対し、この本は、それらの軌跡を制度化し、計数化して、都市の地図を若者たちのエネルギーの熱に変換して描き出すことを、第一の検証とし、彼らの行為の結果もたらされたと考えうる都市の状態を解析している」と紹介した。しかし、一方で、「あえていえばこの本は、どうタウン・ウォッチングすれば街は楽しいのかではなく、すでに、想定された読者（ショップオーナー）たちがすぐにでも欲しい街の読み方を読み終えてしまっているので、あとはどうぞその通り商売なさいませ、といっているふうが、なんとも面白くない」と批判的なまなざしも向けていた。[7] 街が既存の情報として単に消費されるだけでは、少なくとも街を読むことで都市を主体的に楽しむような者は生み出され得ないということであった。
消費者が街を歩き、その消費者の動向をウォッチングして、企業が更なる消費戦略を練っていく、その間で都市空間というメディアは変貌していく、そうした消費・情報化社会の定着の現場にも、アーバニストの文脈は見出せる。『タウンウォッチング』を「面白くない」と批判した榎本が編集していた『ビックリハウス』は一九八五年に終刊となったが、榎本自身は東京のアート、サブカルチャー、アンダーグランドシーンにプロデューサーやディレクターとして関わり、さらには建築家の黒川紀章が主導した日本文化デザイン会議のメンバーとしても活躍した。

　榎本は、一九八〇年代を「硬いものがヒステリックな形で出てくるより、軟骨的なものに、圧倒的なエネルギーが向いている否定より肯定の時代でしょ、今は」[8]と、「肯定」をキーワードに挙げて、都市もそうした視点から見ていた。

　一九八八年、榎本は東京ニューマン・コネクションという集団を母体に、様々な分野の人々に仕事の話をしてもらう「ワーク・トーク・クラブ」という塾を立ち上げた。「専門家（specialist）の時代から、多門家（generalist）の時代へ」というモチーフで始まった塾は、のちに「東京都市学校」と改称され、その成果が一九九〇年に榎本の監修で二冊の書籍として刊行された。この学校で講演したのは、建築家、メディア美学者、パーカッショニスト、CFディレクター、アートディレクター、写真家、建築史家、記者、アーティスト、建築プロデューサー、漫画家、音楽家、美術評論家、映画監督といった人たちであった。そして、書籍の第一巻は『アーバニズム宣言』(一九九〇)というタイトルが付された。

榎本は、「アーバニズム(urbanism)、都会生活、都市計画、都市化などの意味のこの言葉を分解して、もう少し積極的な語意、urban(都市の)+ism(主義)=都市主義のようなイメージの言葉に変換して、さまざまな都市現象を解釈してみたらどうなるだろうか」と、「アーバニズム」の再解釈を試みた。一九八〇年代を経て、人々は「全体的にほどよく過剰に都市生活(urbanism)を楽しんではいる」が、やや過剰ぎみの楽しみ方の根底に逃れることのできない不分明なおののきがあるとし、都市に対する依存も大きくなり、過剰化する快楽の情報戦争の中で、分裂症的なバランス感覚でいると指摘した。そして、次のようにアーバニストとアーバニズムについて宣言する。

アーバニスト(都市計画専門家)は、都市の骨格のデッサンに全精力を使うが、ここでのアーバニズム(都市主義)は、都市を形成するひとつひとつの細胞の存在を注視する。全体から部分を割り出していくのではなく、部分の集積としての全体が、最も現代の都市的であるという見識、骨（ハード）だけの構想から、細胞（ソフト）の生成へ、しかも老化と再生という新陳代謝と、全体をも崩壊しかねない、ウイルスとワクチンの極微抗争を抱え込んだリスキーな活劇を演じる生態としての都市に、限りない好奇心を寄せる、それがアーバニズム（都市主義）だ。[9]

ここでは、アーバニストを都市計画専門家という意味に限定し、むしろそれと対置されるものとしてアーバニズム＝都市主義を提起している。都市の骨格にのみ着目するのが都市計画の専門家であるのに対して、都市を形成するひとつひとつの細胞に着目するのが都市主義であるという主張は、先に榎本自身が提示した「多門家の時代」という感覚に基づき、理解するのがよいだろう。

都市の骨格にも、交通ネットワークや土地利用パタン、生態系ネットワークや景観構造など、幾つものレイヤーがあり、都市計画の専門家はそれぞれのレイヤーに対する体系的な知見を構築し、それらを束ねるマスタープランにこだわってきた。しかし、細胞の多様さは骨格のそれの比ではない。一つ一つ異なる性質、活力を有し、柔らかくダイナミックな存在である。それら部分の集積が都市をつくりあげていくのだとしたら、ここで都市計画家に求められるのは専門性というよりも、様々なものごとへの好奇心、視野、思考である。榎本のいう都市主義、その実践者とは、つまり都市計画の専門家ではなく多門家ということなのだろう。

アーバニズム＝都市主義の担い手としての都市計画の多門家は、本書で見出す単に都市計画専門家という意味だけではない「アーバニスト」に接続していくように見える。一九八〇年代から一九九〇年代にかけての消費・情報化社会の進展の中からも、こうしたアーバニスト像が生み出されていたのである。

4　九〇年代以降の展開

†一九九〇年代の郊外と「街」論

消費・情報化社会の中心は、東京であり、大都市であった。情報も人も集中する東京において、アーバニストの言説が生じた。しかし一方で、一九九〇年代は地方都市を中心に、モータリゼーションの完遂と中心商業地の衰退が顕著となり、中心市街地の再生に関心が向かった時代でもあった。中心市街地活性化の議論の中で、すでに都市構造は郊外化しているにも関わらず、なぜ、中心市街地を再生しないといけないのかが問われた。この問いに対して、郊外―都市との対比的な関係を念頭に置いた、包括的な都市肯定の論理が必要とされたのである。

都市肯定の代表的な論者に都市計画家の蓑原敬（一九三三―）がいた。蓑原は著書『街は要る！――中心市街地活性化とは何か？』（二〇〇〇）において、「空間秩序を失った「都市」ともいえないような、拡散しきった都市」に対して、「田舎ではない、人が密集して住む場所としての「町」を区別し、その中で特に人が密集して住み、働き、遊ぶことにより人の往来が多い場所を「街」と考える方が良さそうだ」「町の一部の空間領域は、通りや辻を利用しながら人々が高い密度で触れあい、交流しながら過ごす、町特有の複合的な場所となっている。そのような場所を街だと考えておこう」として、「街」論を展開した。

眼前の都市の単純な肯定ではない。自分自身がかつて体験した都市と今後の都市居住地のモデルとを重ねあわせながら、このような「街」が今後、実現するとすれば、かつて一つの「街」であった経験、歴史を持つ中心市街地においてではないかということであった。

ロードサイドの大型商業店舗進出やチェーン店の席巻現象に対して、「ファスト風土化」という言葉を与えたのは、かつて『アクロス』の編集長として、東京の郊外について「第四山の手」などのオリジナルな分析を展開し、その後も継続して郊外を論じてきた三浦展であった。三浦は、地方農村部の郊外化、中心市街地の没落の結果、ファストフードのように全国一律の均質な生活環境が拡大したことを批判的に捉えたうえで、家族内の分業化と住まいの郊外化により地域共同体から切り離された家族に対して、会社主義という生産共同体とマイホーム主義という消費共同体が共同体感情を与えるという「消費」と「私有」の戦後日本の社会システムの限界の先にあるものを見ようとした。

三浦は、「都市に対する態度も、おしゃれなファッションタウンで買い物をするだけでは満足できず、街に対していかに自分が関与できるかが若者の満足度を決めるようになっている。逆にいえば、関与する余地のある街の人気が高いのである」[10]とその予兆を論じた。若者に人気がある街（吉祥寺、下北沢、高円寺など）の特徴として、異質な物と人の混在、重層的な記憶の残存、街に関与する主体としての個人の魅力、歩ける街の四点を挙げ、その特性が、アメリカにおけるニューアーバニズム運動の教えや先に紹介した蓑原敬の「街」論とシンクロしていることを示した。

ここでアーバニストという点で特に大事なのは三点目の個人性の指摘であろう。都市への関与、コミットの重視からは、かつて本間健彦が一九八〇年代に「街人間」と呼んだ人々にも共通している、「都市に住み、都会の生活を楽しんでいる人」が自分たちの環境へコミットしていく姿が見える。そのような「街人間」に共鳴、共感する若者が増えてきたのである。

†「パブリックスペース」と「ZINE」

二〇〇〇年代以降、人びとの都市への関与、コミットは、公共空間の再構築、再定義を通じて、大きな進展を迎えている。ここでの公共空間は、実体としてのパブリックスペースという意味と、都市を語り、論じる開かれた言説空間という意味の両方を持つ。

前者については、街路や公園のありようが、人々の活動、使われ方の面から再考されるようになった。契機となった取り組みは幾つかあるが、富山市の中心市街地活性化政策の中での最初の再開発事業において、従前道路の付け替えによって生み出された屋根付き広場であるグランドプラザ（二〇〇七）の影響力は大きかった。

目標とするまちなかの役割を購買消費から時間消費へと転換させたのは、その質の高い空間のみならず、運営を担ったまちづくりとやま（株）、広場の使い手たちが組織した任意団体グランドプラザネットワーク（現NPO法人GPネットワーク）による都市生活そのものの発見と創造であった。グランドプラザを関わりしろとして、この広場の使い手として多くの市民が都市と関係を持つようになった。

グランドプラザの運営を現場で担当した山下裕子（一九七四―）は、「広場ニスト」とし

図3-6　富山のグランドプラザ

て、全国各地で人と人が出会う広場からの都市再生を支援するようになっている。

中心市街地の空き地を芝生の広場と中古コンテナを活用した交流拠点に転換した佐賀市の「わいわい!!　コンテナ」（二〇一一）も、空洞化の中で生じた空地を負の遺産から正の資源に変える試みとして、注目を集めた。

建築家の西村浩（一九六七―）が率いる（株）ワークヴィジョンズがプロデュースし、特定非営利活動法人まちづくり機構ユマニテさがが運営するこの広場で出会った人同士が共通の趣味を見つけ、サークル活動に発展するなど、新たなコミュニティが生まれる場にもなっているという。

他にも、全国各地の公園、街路が、人々と都市との接点となる場所へと転換を遂げている。東日本大震災後の人と人の絆の重要性の再認識、シェアの思想の普及、エコロジカルな生活志向などが相俟って、そうした場所の転換を主導する人、また、その場所で新たに都市への関わりしろを見つけた人などが「都市に住み、都会の生活を楽しんでいる人」の現在形を体現するようになってきている。

また、こうしたパブリックスペースへの着目の中で、「シビックプライド」というコンセプトが浸透したことも、二〇〇〇年代以降の重要な出来事であった。もともと「シビックプライド」は、第2章で言及した戦前期の都市美運動においても、市民としての誇りや責務、あるいは郷土愛という意味で使われていた言葉である。

この言葉を改めて「市民が都市に対してもつ自負と愛着」の意味で、都市の未来への意思と都市に対する情熱的で前向きな気分をもった様々な取り組みを総称するものとして提起したのは、建築家の太田浩史（一九六八―）や都市計画研究者の伊藤香織（一九七一―）らが中心となったシビックプライド研究会が出版した『シビックプライド――都市のコミュニケーションをデザインする』（二〇〇八）であった。その書籍の帯のキャッチコピーは「もっと都市は楽しくなる　もっとまちが好きになる」であり、国内外の様々な事例が紹介された。その中でも主役となったのが、生き生きとしたパブリックスペース、そこで

図3-7　最近の都市に関するメディア

の人々の活動を指すパブリックライフの豊かさであった。

公共空間のもう一つの意味、都市を語るメディアについても言及しておきたい。先に述べたように、一九七〇年代以降、都市への関わり方として、タウン誌や街メディアの発行の系譜があった。それらは特定の地域に限定した働きかけを特徴としていた。その後、インターネットの普及を受けて、ローカルな動きはグローバルに開かれたのと同時に、メディアもオンライン化が進んだ。

しかし、その一方で、近年、紙の冊子にこだわる雑誌、さらにはZINEカルチャーも広がりを見せている。そうした中で、都市に関する新しい雑誌、様々な

ＺＩＮＥの刊行が続いている。いずれも発刊者の個人の志向性がはっきりと見えるメディアである。

浜野安宏の浜野総合研究所の出身で、その後、都市開発や商業開発分野の構想策定や関連出版物作成の会社を経営していた吹田良平（一九六三―）は、二〇一七年に雑誌『MEZZANINE』を創刊し、毎年一冊のペースで発刊を続けている。編集長の吹田は雑誌の編集方針である〝Urban Challenge for Urban Change〟を、都市更新の創造的な思考錯誤の紹介と説明している。そして、テクノロジーやその開発者の賢さに留まっているスマートシティに対して、街の住民自身が賢くなる、創造的に暮らす術を指南、実現する都市こそが本当のスマートシティだと、都市の生活者の主体性を明確に主張している。そのためのメディアなのである。

博報堂イノベーションラボ出身の田村大（一九七一―）と市川文子が共同代表を務める、持続的にイノベーションが起こる生態系（エコシステム）の研究と実践を行うリ・パブリックが二〇一九年に創刊した『MOMENT』も、地域・分野横断で新しい都市のあり方を探索する「トランスローカルマガジン」を目指し、「〝いまここ＝ローカル〟にある技術や資源、文化を、別の視点で読み解き直すことで、その場所や、そこに生きる人が変わっていくこと」として、実践者の取り組みを紹介している。

また、一般社団法人for CITIESを主宰する石川由佳子ら八名からなる活動体TOKYO PARALLEL GUIDEが二〇二一年五月に創刊した『MEANINGFUL CITY』は、「機械的すぎる「都市の作り手」と、無関心すぎる「都市の使い手」の間にある隔たりを、希望を持って埋めていくための探索であり、そうした意思の発露」を目的としている。都市の生活者、生きる人と都市の計画者、つくる側との架橋の探索、意思は、ここで取り上げた他の雑誌にも共通する点であり、本書が構想するアーバニストの核心でもある。

また、『MOMENT』が明示した「トランスローカル」な姿勢も、これらの雑誌、ZINEに共通している。アーバニストの視野は、今やグローバルに開かれ、互いの交換を許容しながら、ローカルに展開し、地域での豊かな暮らしを実践し、実現しようとしている。本書がアーバニズムからアーバニストを説いてきたのも、こうしたトランスローカルな視野からなのである。

さて、ここでようやくアーバニズムとアーバニストを巡る歴史的な展開は、現在地にたどり着いた。次章以降、このアーバニストの現在地について詳しく見ていくことにしたい。

第4章

都市空間を通じて、都市の営みを再編する

三谷繭子＋官尋

1　計画者から実践者へ

本章では、都市の物的環境デザインをバックグラウンドとして持つ人々を中心とした、アーバニスト像を探っていきたい。従来型の都市空間にまつわる職業は、都市計画、建築、土木、造園など都市空間を構成する要素によって職能や専門性が細分化されている。また従来、計画者、デザイナー、場の運営者などプロジェクトのフェーズによって、都市への関わり方も限定的だ。

しかし近年、実践者としての振る舞いによって都市に影響を与える職業人が増えているように思う。現代の実践者たちの活動は既存の職業に収まるものではなく、かといって市民活動家とも違う。前提としているのは、都市計画、建築、造園、不動産など、今まで都市空間を「つくる」側といわれていた職業に軸足を置いている人物でありながら、名前をつけるのがむずかしい新しい活動形態で都市を変える活動を行っているということだ。

本章では、まちづくり、建築、ランドスケープ等の専門性をもつ人々を広く「都市計画家」として扱う。都市をつくる専門性をもちながら、活動としての実践をも行う人々は、どのようなまなざしで、どのような都市づくりを目指しているのだろうか。またもしかすると、その振る舞いにアーバニストという名称を与えることで、都市の専門家の新たな像が浮かんでくるのではないか。

ここからは、三名のアーバニストへのインタビューを通じて、その人物像や計画者からアーバニストへと変容していった過程・生き方に迫る。対象とした三名は、編集会議で挙がったアーバニストのうち、年齢、性別、バックグラウンドとなる専門領域や現在の活動、活動地域等の異なる人物を選定した。

一人目は、地域プランナーである椎原晶子さん（一九六三―）。東京藝術大学卒業後に、都市計画コンサルタントとして経験を積んだのち、学生時代から関わっている台東区谷中を拠点に活動している。二人目は、福岡県那珂川市を拠点に九州の各地で地域づくりのアドバイザーや事業家として活躍する木藤亮太さん（一九七五―）。三人目は、東京都大田区に拠点を置き、建築家であると同時にソーシャルスタートアップとしてNPO法人モクチン企画を経営する連《むらじ》勇太朗さん（一九八七―）。

世代もバックグラウンドも異なる三名の活動や生き方から、都市にまつわる専門家の新たな役割を見出し、またどのような戦略性を持ってアーバニズムを展開しているのかを紐解いていきたい。

2 椎原晶子——都市計画のアンフェアを是正する

東京の台東区谷中を拠点として活動する地域プランナー、「晶地域文化研究所」代表の椎原晶子さん。NPO法人「たいとう歴史都市研究会」理事長として谷中界隈及び台東区とその周辺の生活文化の保全・活用・支援なども行い、三軒の民家を複合施設にリノベーションした「上野桜木あたり」の企画や運営の一翼をになう。また地域に残る古い建物の再生を行う「(株)まちあかり舎」の代表も務めている。

†幼少期〜大学時代に体験した「環境」への向き合い方

椎原さんは神奈川県出身。東京藝術大学美術学部芸術学科、同大学院美術研究科環境造形デザイン専攻を卒業したのち、一九八九年に横浜の山手総合研究所に就職したことから、プランナーとしてのあゆみがはじまった。

当時の横浜は、国吉直行や北沢猛などの実力者を揃えた都市デザイン室が主導し、都市デザインのトップランナーとして様々な取り組みが行われていた黄金時代である。歴史を活かしたまちづくり、大桟橋のコンペ、赤煉瓦倉庫の検討、洋館移築再生や港の見える丘公園の再整備など、都市デザインのど真ん中を業務として経験してきた。

ダイナミックな都市の変化をサポートする都市プランナーの仕事から、江戸からの寺町である谷中という地域で、なぜ自らが都市づくりの実践者へと転じていったのだろうか。

都市計画に出会う前、幼少時代の原体験がある。椎原さんの育った家は三浦半島の農村地帯の畑に囲まれたところにあった。学校の近くには川が流れており、身近な自然に触れ合える環境で過ごしていた。

しかし、ある日突然河川の工事が始まった。透き通っていた小川の水が少し汚れてきたので「改良」されると楽しみにしていたら、仮囲いを外す頃には三面コンクリート張りの味気ない川になっていた。水辺はもう近寄れないよう高い柵に囲まれていた。

「そのとき、ものすごくがっかりしたと同時に、このように変化していってしまう周辺環境に対して、〝環境は常に与えられたもので、それを受け止めざるを得ないもの〟なんだと感じたんです。そして〝現実は変えられなく

椎原晶子さん

ても、自分が大事だと感じたことはなかったことにはしたくない〟という諦めと反動から、仮想世界としての造形や物語の表現に思いを託すようになりました」

高校卒業後、東京藝術大学を進路として選択した。しかし大学一年生のとき、「与えられた環境への諦め」が覆る、転機が訪れる。三浦半島から上野の大学まで片道二時間、同じ通学路線に建築科の先輩がいた。電車に乗っている時間が長いので、取り組んでいる課題などをいつも楽しそうに見せてくれた。先輩から建築についての話を聞くなかで、「建築も含めたリアルな環境は自分がつくってもいいんだ」と気づけたという。

それからは建築・都市設計などの授業を積極的に受講するようになっていった。都市という広がりでものを考える「都市計画」があることを知り、都市全体のバランスや都市の未来を考える都市プランナーという仕事と出会った。

†互角に闘うことを前提としたルールをつくりたい

現在の活動拠点である谷中との関わりは、一九八六年の大学院時代に谷根千（谷中・根津・千駄木の総称）路地調査に加わることからはじまった。

当時は「みちひろば」をテーマとして研究していた。「道なんだけど広場のように使われている場所には、本当にコミュニティが存在するのかを調査していました。あらためて観察すると、美しく掃き掃除された路地に佇むおばあちゃんたちが、さりげなく気遣いあい、おしゃべりしながらのんびりと過ごしている姿が日常としてあって。誰かが設計したわけではないのに、すごく成熟して住みこなされている。「計画」だけでは生まれない「まち」の調和に感動し、なぜなんだろうと興味をもちました」

しかし、時代はバブル期。隣接する敷地ごと開発され、更地になってしまう路地も少なくなかった。その様を間近に見て、まちに暮らす人々の生業や経験を、環境ごと記録に残したいという思いで、調査を行った。

路地調査をしているうちに、谷中の路地のような環境を再生産する仕組みができたらと考えるようになった。修士論文・制作のテーマとしても扱い、研究の成果をパネルや小冊子に整理して、まちの人と共有した。「研究の成果は必ずまちに還すように」と前野嶤(当時、東京藝術大学教授)から教わっていたため、成果をまちへ還元することは意識して行うようにしていた。

パネル展示の成果を見て、保全の必要性は感じてもらえるものの、実際の建て替え検討時には、お金など現実的な問題が立ちはだかり、建物やまちなみ保全の具体を提案することは憚られた。卒業後に、明治時代から残る町家でも、建て替え話が持ち上がった。保全を台東区に相談しに行ったが、当時は町家型建築がまだ多く残っており、貴重という認識もされておらず、そこだけ保全する理由がないと言われてしまった。

そこで、奥は建替えをしつつも手前の町家を残して活用する提案をし、学生時代の仲間とその町家の一部を借り上げて、まちの人々と共に、まちに学び行動する「谷中学校」寄合処として運営をはじめた。

台東区は東京都の特別区であり、都市計画はまちなみよりも東京都全体の防災が優先される。地主が建て替えをする際も、不燃化ルールが適用され、都市計画道路の計画が優先されていた。上位計画には逆らえず、住民から行政へは話もできない状態だった。

一方で、横浜で経験した都市デザインの現場では、横浜市の職員が「あなたの家は歴史的建造物なので大事です。壊れたところはないですか？」と二年に一回くらい、住人が頼んでいなくても回っていた。行政とプランナーと市民の関係性が緊密であったことも理想的だった。だからこそ残すべきものは保全され、変化すべきものは変化をデザインすることができた。対して谷中では、市民や地権者が保全を望んだとしても、行政の協力は得られなかった。

横浜で得た知識や経験によって、谷中のように保存したいと思っても保存できない人たちの諦めざるを得ない苦境が、椎原さんのなかで浮き彫りになった。

椎原さんが都市計画の仕事に携わりながら、対照的な二地域に関わり理解したことは、

「都市計画は平等ではない」ということだった。

「法律や制度があっても自治体によって、使える使えないというのはこんなに違うんだと驚きました。けど、自分の生まれ育った家を守りたいとか、自分のアイデンティティを残したい思いはどの町の人にもあるはずだし、望んで動く人がいたら、それに応えられる都市計画にするほうが健全なんじゃないか？　と」

もっとまちに住む人の思いに応えられる都市計画のあり方をつくれるのではないか。都市計画の仕事によって、個人の発意から都市が変わるような形態を作れないだろうか、と思うようになったという。

一九九〇年代から二〇〇〇年代には、古い建物を活用した古民家カフェが流行り始めたが、新築優遇の国の流れにおいて、古い建物を残すことは非常に難しかった。防災上の縛りがますます厳しくなっていき、建て替えを促進する制度はさらに優遇されていった。

「一人一人のプレイヤーがフェアなルールの上でプレイできるように環境を整備することが、都市計画の役割」と前置きした上で、「フェアじゃない状態でした」と椎原さんは語る。

ルールがおかしければ、それを調整して変えるのが、本来都市計画家の仕事のはずだ。新築の建物だけでなく、古い建物の持ち主が自分の意思で残す／残さないを選べる状況を作るべきだと思った。

椎原さんが意識してきた「環境を自分で作る」ということは、できない理由をどんどん消していくことでもある。無意識に諦めている人が、選べるまでの自由を担保するサポートをする必要があった。

持ち主の意思は手放さず、条件設計家としてルールを調整することが、都市計画家としての自分の役割だと思った。

「アーバニストとは都市計画のアンフェアを是正する役割じゃないかと思います。もし新築の方が制約されてる世の中だったら、新築の応援家になってたかもしれません」

†大事なポイントに適切に点を打つことで、まちを守る

出産を機に、山手総合計画研究所を退職し、谷中で子育てをしながら「個人からのまちづくり」をはじめることを決意した。

谷中に残る一軒ごとの古い家の処分・活用は、最終的にはその土地建物を持つ人の判断に委ねられている。だからこそ、それぞれの持ち主が残すという意思をもち、その取り組みに参加し連鎖させることで、点から始める都市計画ができるのではないか、と考えた。それであれば、子どもを抱えたフリーランスでもできると思った。

「まちにいると、自然と人の去就がわかるんです。まちと同じペースで生きていれば、あのおばあちゃん今度お引っ越しするんだ、ということもわかるし、逆に、引っ越しするからうちなんとかならない？　と声をかけてもらえるようになります。そのタイミングで方向性をすっと差し込めば、それぞれの想いを汲み取った無理のない、温熱療法的な都市計画ができるのかなと思います」

また、まちの人からはじまる都市計画のためには、まちの人がきちんと理解できる基本情報が必要だ。例えば東京都や区やまちづくり協議会が住民説明を行う際には、基本的に専門用語が使われる。もっと柔らかい言葉で表現できればよいが、その用語を使わなければ制度が説明できないこともある。だからこそ、椎原さんは、写真や映像、将来イメージ図、工程表などまちの人に通じる表現で、伝わるまで翻訳し続けることが大事だと語る。

椎原さんは、取り組みによって異なる法人格や立場を使っている。建物の保全・活用に多くの人と取り組むときは「NPO法人たいとう歴史都市研究会」、再生事業としてスピード感ある動きをとる際の主体としては「株式会社まちあかり舎」、お試し活用は自分で責任を取れる範囲の自らの個人事業など、それぞれに適した立場がある。

NPO法人たいとう歴史都市研究会（以下、NPO）では古い建物の保全活用を目的として借り上げ、管理を兼ねた住人のいる文化活用住宅（市田邸）や喫茶店（カヤバ珈琲）

など元の家の用途や由来を踏まえた活用をしている。家主から借りたあとは建物を修繕し、直営、あるいはサブリースでまちと建物を大切にできる運営者に貸すスキームを構築する。これらは、建物再生のモデルハウスと位置付けられている。一見、古い建物を一軒ずつ活用しているだけにみえるかもしれないが、椎原さんは戦略的にこれらの建物を借りうけた。

谷中には、一九四六年に計画された都市計画道路補助92号線がまちの主要生活道路上に計画されていた（二〇二〇年に廃止）。椎原さんはこの都市計画道路の見直し運動も長年担っていた。これまで再生してきた「谷中学校」の町家や銭湯再生ギャラリー市田邸やカヤバ珈琲もこの沿道上にある。

東京都や台東区は、都市計画道路上にある建物は事業実施時は除去するスタンスだったため、それらの建物を文化財として保全するという考えはなかった。そこでNPO側で、都市計画道路上にある古いまちの歴史や思い出深い建物をことあるごとに借りていった。NPOとして最初の借り上げ建物となった市田邸は、隣接する桜木会館の保存運動をきっかけにアプローチした。都市計画道路沿いの建物の情報を得たら、近隣や町会の人に相談しながら家主のもとへ赴き、残せるように動いた。

「カヤバ珈琲」は、上野公園方面から谷中に入るランドマークとなっている。椎原さんは前々から、この場所に注目していた。「ランドマークをきちんと残して蘇らせることがで

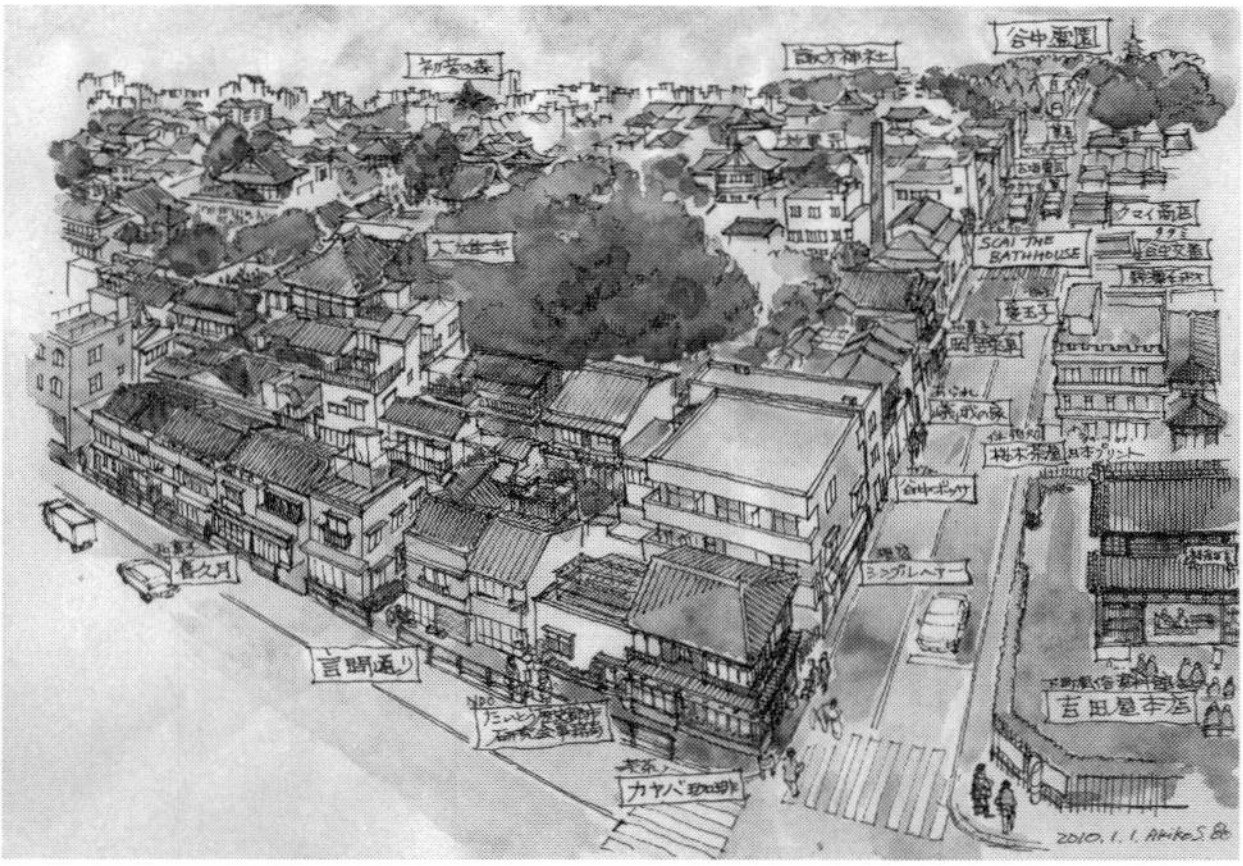

図 4-1　カヤバ珈琲周辺の様子

きれば、自分の建物もあんなふうに残したいと思える人が出てくるはず。そんな影響力のある場所だと感じ、丁寧に家主と話を進めていきました」

「カヤバ珈琲」の建物は、大正時代に建設されて以降、ミルクホール、かき氷・あんみつ店、そして現在の原型となる「カヤバ珈琲店」として親しまれてきた場所だ。もとの喫茶店を営んでいたお婆さんが亡くなり、線香をあげに行ったことをきっかけに三年以上。家族との交流を経てようやく借りられる段取りがつき、紆余曲折ありながらも、二〇〇八年九月に再び新生「カヤバ珈琲」に明かりが灯った。「建物の中に明かりが灯るときが、計画家の手を離れるとき。一番やりがいを感じる瞬間です」と椎原さんは語る。

カヤバ珈琲の再生により、古い建物を残すことでまちが元気になるという雰囲気がひろがっていった。借りたいと押しかけて借りにいく側が、いつしか頼まれる側になった。一つ借りて、地元の町会の手伝いなど地域と関わりをもちながら、楽しそうに活動していたら、また次の声がかかる。一つが一つを呼ぶのだという。

もうひとつ大きな変化を感じたのは、大丸松坂屋百貨店による「未来定番研究所」が、谷中に拠点をつくりたいと問い合わせてきたことだ。「未来の定番となるモノやコトを発明する」をテーマに研究するオフィスとして、新旧の文化が重なる谷中の古民家に拠点を作りたいという話だった。

大丸松坂屋は古い家を探していたが、普通の不動産としての情報がなく、谷中近辺でいろいろ話を聞く中でNPOにたどり着いたそうだ。様々な家を一〇軒ほど見せて回るなかで、未来定番研究所が気に入ったのは、築一〇〇年近い銅細工職人の自宅兼工房だった古民家。

だがこの家は耐震補強をしなければ安全性が保てない状況で、金銭的にも安全的にもリスクがあった。通常は、NPOで持主から借りて修繕し、サブリースする形をとるが、NPOで責任を追うには規模が大きすぎた。そこで、NPOでは調査とコーディネートまでを行い、椎原さんが中心となり別途「まちあかり舎」という建物再生の会社をつくり、建物再生工事とサブリース事業を担うことにした。大手企業が借主であることもあり、修繕の融資もスムーズに下りた。

†エリアアーティストとして

古い家と使い手をコーディネートする際には、必ず町会に入り、地域とのつながりを保つことを約束して入居してもらう。企業でも同様だ。古い建物がいいと言う人は多いが、建物が保たれているのは地域の中で互いに目配りしあっているからだ。だからこそ、使い手は地域を活かす一員になってくれる人がいい。「それを面白いと思える人だったら向いてると思うし、逆に面倒くさいと思う人だったら向いてない」と椎原さんは言う。

椎原さんは、これまで携わってきた古い家を「物件」とは呼ばない。なぜなら、住んでいた人の思いや財産としての家、今の法律的に合わない事情、近所とのつながりなど、「もの」になりきれないことを全部含んだ状態でその家は残っている。だからこそ不動産として易々とは市場に出せず、誰かに譲る気にもならない。椎原さんが古い家をコーディネートする際は、それも丸ごと受け取って、家主と一緒に事情を解決していける人を選ぶようにしている。

「活用というより、人事。まちのメンバースカウト担当的な感じです」。そんな気持ちで、建物の声を聞き、それを手掛かりに、椎原さんは家の思いを汲んでくれる人を探すのだ。

椎原さんは、エリア全体の方向性を意思を持って決めていく「エリアアーティスト」の存在がこれから重要ではないかと考えている。アートの語源は、ラテン語のアルスであり、ギリシア語のテクネとも語源を同じくする。両方とも「人の手で何かを加工する」という意味だ。人間は手でものを作り、環境を変えていくということで生き延びてきた。

「人が自分の手で身の回りの環境をよりよく変えていけるんだということを、全ての人が自覚的になるといいですね。フェアなルールの上でやりとりしあった結果、描かれる軌跡が望ましい都市であると思っていて。それぞれの意思のもと手を差しのべ合って、その総体として現れる都市の美しさがある。そういう軌跡を描き出せるような仕組み、OSを作るのがエリアアーティスト」

つまりエリアアートとは、全ての住民が本来の創造性と意思のもとに動き、お互いを調節できる仕組みや、それによって描かれる風景だ。

3　木藤亮太――自らがプレイヤーになり、応援の連鎖をつくる

†ランドスケープアーキテクトから未経験の商店街マネージャーへ

九州を拠点に活動する木藤亮太さんは、二〇一三年から「猫さえ歩かない」と言われた日南市油津商店街の再生事業に取り組み、巷では「地域再生請負人」とも呼ばれる人物だ。二〇二一年現在は、福岡県那珂川市に拠点を置き、駅ビルを拠点としたコミュニティづくりや老舗喫茶店を事業承継して経営している。

木藤亮太さん

木藤さんが都市や空間に関わる仕事に就いた原点には、幼少期の「ふるさと」への憧れがあった。小中学校時代は父親の仕事の関係で転校生活を送っていたこともあり、友人達が大学時代、正月に実家に帰って友人や親戚に囲まれるという話を聞いて羨ましく思ったこともあるという。

大学ではランドスケープデザインを学んだが、バブル期の終わりでもあり、友人はみな東京を目指している時代だった。「なぜ故郷をそんなふうに粗末にするのだろう？　もったいない」と強く感じていた。

当時の恩師からは、造園空間は変化していくものであり、ただ作って終わりではなく、ずっとメンテナンスしていくことが大事だと教わった。建築と対比すると、竣工した時点が一番綺麗なのではなく、「できてから育てていく」のがランドスケープの肝だという。

就職後は、ランドスケープアーキテクトとして公園設計や地域計画策定に携わった。例えば公園は公共的な場であることを前提としてデザインしていく。その過程では住民や関係者と共に場のあり方を考えていくため、ランドスケープの仕事はまち全体のデザインをすることにつながっていると感じていた。

一方で、設計者として客観的にまちに対して提案する立場だけではなく「自分も中に入ってやらなければダメだ」と痛感するプロジェクトもあった。一つは、佐賀県唐津市の「蕨野の棚田保全プロジェクト」。保存管理計画を立て、棚田を重要文化的景観として文化庁に登録し、景観を保全していく取り組みだった。計画策定の前に、棚田維持について農家と話をするところから始まったが、米作りに携わったこともないので、まず用語がわからない。知識不足で何月に植えて何月に収穫するかもピンと来ないため、中々会話が進まなかった。

棚田を三〇年、五〇年先まで、プランニングしながら守っていくビジョンを描く必要があったため、地元の人と議論しながら、最終的には地元組織としてNPO法人を設立し、米の販売などを財源として持続的に活動していこうという運びにもなった。計画を国に提出し、文化財保護法に登録され、評価も得たが、棚田保存会が実際にできあがったときには計画策定の業務は終了していた。

四月頭にNPO法人が設立され、いよいよスタートするというときに、お祝いも込めて足を運びたかったが、会社から、「この仕事は三月末で終わったものなので参加しなくても良い」と言われた。将来図を描くところまでは力を尽くしたが、いよいよまちづくりが始まる、というときに関われない立場であることに気付かされ、ショックを受けた。

また、並行して取り組んでいた福岡市の「かなたけの里公園」プロジェクトがあった。農業体験ができることをコンセプトとしており、もともとあった田んぼや畑を残して活用する。公園が完成するまで二、三年かかるため、みんなで米作りをするプロジェクトがもちあがった際にはボランティアとして参加した。

自分で経験するうちに、かつて農家の人が言っていた言葉や気持ちがだんだんとわかってきた。「例えば農薬を撒いてはいけないと言われてるが、お米作りしてると雑草がめちゃくちゃ生えてくる。そうすると、農薬を撒きたい気持ちもわかってくる。口だけでなく、その人の気持ちや理由がわかるようになったんです」

自分で経験しないとわからない部分が多いことに気付かされた。逆に理解すれば農家とも対等に話せるようになり、農家からも若いのによくわかってるじゃないかと、関係性が築けてきた。

†油津の四年間

「蕨野の棚田保全プロジェクト」で、いざ活動がはじまるというときに関われない経験をしたことで、ランドスケープアーキテクトとしてできる仕事はそこまでだということに思い至った。三七歳、会社の取締役にも就任し、結婚して子どもも三人いたが、このまま会社にいて本当にいいのか？　と悩んだ。出社できなくなるほど精神的に追い込まれ、会社の社長に辞めたいと話を切り出した。

社長から「仕事これからどうするの？」と言われ、ゼロから探していくつもりと答えた。そのとき差し出されたのが、人生の転機となる日南・油津商店街テナントミックスサポートマネージャー公募の書類だった。四年間は日南に住んで仕事をする必要があるが、プランニングだけでなく店舗誘致を自ら行うという。ハードルは高いが、まちをそのまま動かしていくという仕事だった。妻の後押しもあり、応募することにした。

選考過程では三三〇名もの応募者がいたが、一次選考、最終選考を経て木藤さんが選ばれた。地元でもかなり注目されていたプロジェクトで、商店街で行ったプレゼンテーションは、住民の立ち見が出るほどの熱気だった。木藤さんは「人生の中で本当にどん底だったところを拾い上げてくれたのが日南であり油津だった」と語る。とにかく四年間は泥んでもやってやろうという気持ちで、日南に引っ越した。

実は最終選考には後日談があり、木藤さんが選ばれた決め手は「焼酎の注ぎ方が上手だったから」という。最終選考後の打ち上げでも、コミュニケーションの仕方やお酒の飲み方、人間性も含めて審査が続けられていた。

日南に着任するまで、商店街の仕事はまったくしたことがなかった木藤さんだが、ゼロベースで地域の人と話をし、地域の課題やめざしていることを現場で理解しながら、それらを整理して正していくという方法論は前職での経験が生きていた。

最初に手をつけることにしたのは、古くからある喫茶店「麦藁帽子」を、「ABURATSU COFFEE」として自ら再生することだった。地域の人から商店街の話を聞けば聞くほど、「麦藁帽子」の名前が出てくる。そこで、「麦藁帽子の思い出を語る会」と銘打って、空き店舗の中で二〇―三〇人ほどでその思い出を語り合う会を開いた。

思い出話を聞くうちに、ここでは今までの記憶・歴史の延長線上に新しいまちを作っていくということが大事だと感じ、麦藁帽子という店舗をABURATSU COFFEEというカフェにリノベーションしていくことを決めた。だが本来テナントミックスサポートマネージャーの仕事は、店舗誘致。スターバックスコーヒーを呼べば地元の人たちは喜ぶが、現実味がなく、それよりも自分がまちの記憶を継承した店を開くことが良いだろうと考えた。

木藤さんは商店街にマネージャーという立場で入ったが、商店街の他の人たちはいわゆるプレイヤー。しかも若造が、マネージャーとして上からものを言っても人は動かない。「お前は何も商売したことないじゃないか」という感覚をもたれることを打破するためにも、自分が店をやるべきだと覚悟を決めた。

店舗として再開するには、一〇〇〇万くらいお金がかかることがわかり、うち八〇〇万は集まった仲間と共に金融機関で借り入れをした。「あいつはどうせ行政から金をもらっているからうまく行かなくなったら逃げて帰るだろう」と言われていたことも覆したかった。

八〇〇万の返済に、少なくとも五年はかかる。四年の任期なので、その後もちゃんと関わり続けるというメッセージとして、五年間の借金を背負った。それを契機に、「あいつ自分で金借りてまで店始めたらしいぞ、今まで偉そうに来てたコンサルタントとは違うな」と、まわりからの見方も変わりはじめた。

木藤さんに課せられた命題として、四年間という短い期間で、二〇店舗というハードルを越えなければならなかった。そのため、次は仲間たちと株式会社油津応援団を立ち上げ、追加融資をとりつけた。その頃には、自分で店を作って、かつ自分自身も店に立ち、汗をかいて動いていることをまわりでみている市民に理解してもらいながらやっていくことが、一番の近道だろうという感覚があった。

自分でも事業を興すということは、地方都市だからこそ特に重要だったという。「田舎のまちは、汗かいてる人しか認めない。それから、まちづくりって行政がやるものだろうという意識が強すぎる。最初は身銭を切ってやってるけど、どうせ行政の金でやってるんだろ？　って、それくらいにしかみられない。本当の意味でリスクを負いながら、僕だけでなく会社の仲間たちも本気でやってるんだって可視化してみせることが大事だったんです」

その後、ABURATSU COFFEEの隣にあった呉服屋に豆腐屋が出店してくるなど、最初に起こしたアクションが連鎖し、波紋のように広がっていった。木藤さんは、これを「チャレンジと応援の連鎖」と呼ぶ。

ファーストペンギンとして自分が飛び込むのが一番手っ取り早く、かつインパクトを与えられるということが実証された。実際にアクションするということが、次のアクションが生まれるきっかけそのものなのだと、木藤さんは語る。

「かつては計画や設計をして、絵を描くことが仕事でしたが、自らが動くことで、自分が頭の中で描いていたものが四年間で大きく動いていく体験をしました。行政とはプランニングの話をするけれども、現場では単なるプランナーではなく自分で動くプレイヤー。描いたまちのストーリーを、キャストの一つとなって演じていくプレイングマネージャーになっていったんです」

†まちに「暮らし」をつくる

油津で四年間の任期を終えたあと、祖父母が元々住んでいた福岡県那珂川市からのオファーを受けた。那珂川は、転勤族だった木藤さんが唯一「ふるさと」とも呼べる地域だった。油津には引き続き関わっていくつもりだったが、木藤さんのことを理解している人ほど、「帰るべきだ」と言ってくれたという。

当初は、那珂川町（当時）の町長や行政サイドのオファーによって、事業間連携専門官という立場として戻った。最初の一、二年は現状を知るためにも、探り探り動いていたが、日々の暮らしが楽しかったと思えるのは、当時の那珂川よりも日南だった。

その違いは、福岡のベッドタウンとして発展してきた那珂川市には、「暮らし」がないことだと気づいた。住民のほとんどは、福岡市で働いている。便利でよいと住民は言うが、まちを活性化したいという思いが、日南と決定的に違うところだった。「住む」とは違う、そこにみんなが生きている、という感覚をもてる「暮らし」にどう近付けていけるのか？

図 4-2　喫茶キャプテン

という問いから、木藤さんの新たなチャレンジがはじまった。

現在は那珂川でも自ら会社を立ち上げ、博多南駅の駅ビル再生や、「喫茶キャプテン」という地元の喫茶店を事業継承して経営している。那珂川のメインストリートは交通量が多く、昔あった地元の看板が消え、ほとんどがチェーン店に変わってしまった。喫茶キャプテンでは、「発展してるまちだけど、実はみんな本当に大事なものを忘れているんじゃないか？」というメッセージを意識しているという。

有名チェーンが出店すると、地元の人は一瞬喜ぶが、最終的に地元にお金は落ちないし、風景としても、他都市と変わらないものになってしまう。そんななか、残っていたのが喫茶キャプテンだった。マスターが引退するという話を聞きつけ、後継もみつからなかったために、「これは自分でやるしかない」という思いで事業承継を決めた。

通りの風景を守る、アイデンティティを守る、事業を継承していく、喫茶店の常連でもある人たちの居場所を守っていく、地元経済・地産地消にも貢献する。そんな多くのチャレンジがここには詰め込まれている。チェーン店ではできない文化を、このまちではどう引き継いでいけるか、これは実証実験でもあると木藤さんは語る。

日南、那珂川とふたつの都市に関わるなかで、木藤さんにはみえてきたことがある。ABURATSU COFFEEと喫茶キャプテン、どちらもベースは四〇年前からある喫茶店だが、その性質はまったく異なる。油津は経済が止まっていたため、喫茶店跡地が残っていた。だからこそ、思い出の詰まった場所を改めてリニューアルしようと思って店を作った。一方で、那珂川は人口も増えており、開発が進む都市であるため、キャプテンのような店は閉店したら壊され開発される。そのような意味で、那珂川は価値ある空間を能動的に守ることが必要だった。

もう一つは経営形態。油津では、新しいものを生み出していくという意味で、最先端を意識した。一方キャプテンは、古いものがなくなっていく那珂川というまちだからこそ、昔のメニューをあえてそのまま残した。古い喫茶店をリニューアルしたという点は同じだが、運営形態は一八〇度異なるものだ。

「計画だけ打ち出しても人は動きません。実際に僕が前面に立って行動することで、みんなに変化を感じ取ってほしいという思いもあり、結局自分でやってしまうことが多いです」。自ら店舗事業を行うことは、リアルマーケティングにもなると木藤さんは語る。喫茶キャプテンでは、専ら皿洗い役だ。カウンターに立ってお客と喋ると、まちの状況が見えてくるので、最高の情報収集になるという。カウンターに立つことで、まちの人も自分のことを知ってくれ、「木藤さんって頑張ってるよね」とみんなから応援される存在になれる。「今キャプテンのカウンターに立っているのがすごく楽しい」

4　連勇太朗――共通言語の探求がアーバニストを生み出す

建築家でありNPO法人モクチン企画代表理事でもある連勇太朗さんは、一九八七年生まれの三四歳（二〇二一年当時）だ。慶應義塾大学を卒業したあと、卒業設計時から取り組んでいた木造賃貸アパートの再生のためのレシピ集「モクチンレシピ」をNPO事業として立ち上げた。また、株式会社@カマタ代表取締役として、大田区の京急線高架下にあるインキュベーションスペースKOCAを開設。二〇二一年からは、明治大学理工学部建築学科の専任講師にも着任している。

†社会を変えられる職業

子どものころ、興味をもっていたのはジャーナリストだった。「小さい頃から、反抗心や、物事を批評的に見る目を性格的に持っていました」という連さんは、物を書くことで社会を批評する楽しさに惹かれていた。同時に、父の影響から「社会を良くする仕事をしたい」という思いも持っていた。そこには、自分の能力を社会にどう還元するのかというのを常に考えなさいと言われていた、幼少期の家庭教育が原点にあるという。

ジャーナリストではなく建築家を目指すことにしたのは、ジャーナリスト出身の建築家レム・コールハースの『錯乱のニューヨーク』を読んだことがきっかけだった。都市や空間づくりを通じて、社会を批評的にとらえることができるという建築家だからこそできる社会批判の形が魅力的だった。

建築を学ぶために進学したのは、慶應義塾大学湘南藤沢キャンパス（SFC）だった。SFCは固定のカリキュラムがないことが特徴で、建築の研究だけでなく様々なことを学ぶことができる。

一年生から三年生の間に、建築系の授業は取り終えてしまったため、建築・都市デザインの研究会に所属しながら、「ソーシャルマーケティング」という手法を扱うマーケティング研究会にも入った。そこで社会起業というソーシャルイノベーションの起こし方を知り、在学中にソーシャルビジネスやNPOを起業する友人たちを見てきた。

建築家を目指してはいるが、既存の建築家像を前提とすると、クライアントの敷地の中でしか建築が実現できないということにだんだん気付き始めた。「それでは当初やりたかった社会をよくするということが全然できないなと思いました。じゃあどうすればいいのか？　ビジネスの力で社会を変えるということが、自分の中でそれがどう建築とつながるのか？　ということはずっと考えていました」

連勇太朗さん

モクチンレシピの考案は、学部四年のときに開始したプロジェクトがきっかけだった。卒業制作は、机上で考えるものではなく、実践的なプロジェクトにしようと考えていた。

最初に取り組んだのは、「Wiki」というオンライン上で相互編集ができる仕組みを使い、空間を変えることだった。Wiki にフィールドワークの情報を蓄積し、編集しながら、改修案をつくっていった。クリストファー・アレグザンダーの『パタン・ランゲージ』にも影響を受け、アイディアの集積をウェブ上で貯めながら、それを実際の現場で実践するという設計手法を考案した。プロジェクトパートナーを探しに、企業勉強会などに顔を出していたところ、現在のモクチン企画理事でもある良品計画（当時）の土谷貞雄氏に出会った。

対象物件を木造賃貸アパートにしたのは、土谷氏がさらに声をかけたブルースタジオの大島芳彦氏による提案があったからだ。当初、あまり面白いテーマだとは思わなかったというが、プロジェクトを通じて調査する中で、木造賃貸アパートが戦後、住まいのビルディングタイプとして重要な役割を果たしてきたことを知る。全国に多く現存するものの、老朽化や単身者の孤独死など、社会課題を生む存在になっているということもわかってきた。

「多額のお金をかけて木造賃貸アパートを改修するのではなく、新たな更新モデル自体を考えることが、研究対象としても社会課題の対象としても、面白いと思いはじめました。木造賃貸アパートが点在していることの可能性をどう扱えばよいか考えていたときに、「モクチンレシピ」を思いついたんです」

†次なるアーバニストを輩出するプラットフォーム

その後、修士に進み「モクチンレシピ」を実際の建築設計に反映する試行を繰り返すなかで、「モクチンパターン」という再生の型を構築していった。実践と同時に様々な発信を行っていると、不動産会社の知り合いから、事業化すべきだとアドバイスをもらった。博士課程に進むと同時にNPO法人を設立したのが二〇一二年だ。

日本中に点在する木造賃貸アパート。レシピを使いボトムアップ的に仕掛けることで、都市をどう変えていけるのか？　法人化したあとに取り組んだのは、モクチンレシピをウェブサービスにしていくことだった。

モクチンレシピは、「「少しの予算」と「くふう」で、築古賃貸物件の魅力を生み出す道具」という位置づけだ。築年数の古い賃貸物件の物件オーナーや不動産会社に対して、既存を活かす改修アイディアを提供することで、物件の収益性の向上、他物件との差別化を支援するウェブサービスとして展開している。

パートナー（有料会員）は改修のための詳細図面をダウンロードすることもでき、簡単に改修設計に組み込むことができることも特徴だ。パートナーになるのは主に地域の不動産会社だ。

モクチンレシピのサービスは設計レシピ集であるだけでなく、ユーザー同士のコミュニティの場にもなっている。また、モクチンスクールという学校や、動画学習コンテンツを配布するなどのラーニング機能を通じて、パートナーの意識に変化を起こすこともできる。単に空室対策の一環としてレシピを使い、家賃を上げて入居者を入れるだけではなく、社会課題の解決や付加価値を創出しているという。

地域の不動産会社は、実は社会の最先端の都市問題に直面している当事者でもある。例えば、超高齢化という社会課題に伴う単身世帯の増加、孤独死、セーフティネットとしての住宅のありかたに対応しなければならないなど、不動産事業だけでは解決できない課題も多く存在する。モクチンレシピのサービスで学ぶことで、単に部屋を貸すだけではなく、不動産を扱うということがまちの課題解決やまちの魅力的向上につながるということにも気がつき、地域ブランディングという上位の水準を目指すパートナーも出てきているという。

不動産を使って新しいプロジェクトを創出するプレイヤーとなっている事例を紹介しよう。神奈川県相模原市淵野辺にある「トーコーキッチン」は、地域密着型の不動産会社が直営する食堂だ。特徴は、この不動産会社の賃貸物件入居者専用であること。入居者は、朝八時から夜八時まで毎日、ここで格安で栄養満点の食事をとることができる。このような事例ではモクチン企画が企画や設計に関わっており、不動産に「入居者用食堂」という

図4-3　モクチンレシピのウェブサイト

ソフトをのせて、社会の仕組みを変えている事例だ。

　このように、単にレシピを使って空室対策をするだけではない、アーバニストとなる人たちが生み出されてきている。それに伴い、モクチン企画の存在価値が、不動産会社が自らまちをよくしていく際の伴走者というポジションに進化してきた。

「モクチンレシピは、木造アパートを改修するツールであるだけでなく、学びの場であり、それ自体がコミュニティであり、アーバニストとしてステップアップしていくためのプラットフォームとなっているんです。モクチン企画は、レシピ・アイディアを提供するだけでなく、そういう現場の課題をパートナーの人たちから学び、サービスとしてどう反映できるのか、を考え続けています」

連さんは、建築や空間だけで解決できる問題は限られていると断言する。できることもたくさんあるが、社会を変えていくためには仕組みや運営のレベルまで関わることを重要視していると語った。

†共通言語の構築に向けて

モクチン企画の活動は、普遍的な価値の提唱と時代性に基づいた方法論の提示である。そこには明確な都市ビジョンと価値観がある一方、顧客は普通のまちの不動産会社や、物件のオーナーであるため、建築や都市を学んだ人が当たり前に使う言葉が通じないことが多々ある。

あえてそのような価値観を表に出さずに、空室対策をしやすいツールですよ、と振り切った時代もあるが、そうすると良い顧客がつかないなど、問題が出てきやすい。毎回仮説を作り、伝え方を工夫することは常に苦心していると語ってくれた。

適切に伝えるには、モクチン企画の価値観を隠すわけでも、押し付けるのでもなく、実際に不動産会社に対してコンサルティングをし、酒を飲み交わしながらああでもない、こうでもない、とコミュニケーションをすることが効果的だったという。そのような機会に、モクチン企画の活動理由などを話し、徐々にマインドを伝えていく。そこで生まれる共感によって、プロジェクトが展開していくことが多い。

「結局、不動産会社さんにとっては儲かってなんぼだし、物件オーナーさんもいかに安く改修し儲けられるかを重視します。まちの話をすると、近所迷惑にならないかなど、近隣クレームレベルの心配を始めてしまったりする方もいらっしゃいます。下手にまちというキーワードを出すのは危険な側面もあります」

常に試行錯誤を繰り返しながら、事業をブラッシュアップしている。

†新しい都市更新の方法論

モクチン企画以外では、地域に根付いた拠点型の活動としては大田区蒲田を拠点に置き、建築、不動産、キュレーションなどを専門にした仲間と作った株式会社@カマタで事業を展開している。

当初は事業化する予定はなく、多様な仲間がせっかく集まっているので何かやろうというノリで、月一回の飲み会としてはじまったものだ。集まったメンバーで共益費を払い、エリアにある互いの場や機材をシェアする仕組みをつくり、コミュニティとして活動していた。

あるとき、京急線の高架下が駐輪場になるという計画を見つけた。自前で企画書を作って提案したことがきっかけで、京急との高架下開発プロジェクト「梅森プラットフォーム」がはじまった。@カマタは、モデルテナントとしてインキュベーションスペース「KOCA」の運営を担うことになり、仕事を受けるために、法人化したという流れだったという。

連さんは、あるエリアの中で点在する不動産をどう活用できるかに関心があり、蒲田をモデルとして、モクチン企画ではできないことを試せる場として可能性を感じている。KOCAでは、町工場とコラボレーションしてプロダクトを開発したりと、新たな地域産業の創出にも挑んでいる。ここでの連さんは、いわゆるキュレーターの役割だ。

目立つエリアではないが、新しいクリエーターが集い、元々エリア内にいた人同士がつながり、ネットワークができつつある。様々なコラボレーションが生まれて、どんどん新しい動きが育ってきているという。

連さんは、これら一連の活動を単なるビジネスとして行っているわけではなく、建築家の新しいモデルを示していく活動として意識しているという。

従来型の建築家像は、コンペで仕事を獲得したり、アトリエで修業して、自分の作品を世に発表したりすることが主流だ。そんな流れのなかで、自分たちの活動の位置づけに悩むこともあったという。

「自分は木賃アパートの改修なんかをやってていいのか、と悩んだ時期もありました。モクチン企画は単なるアトリエ事務所でもないし、どんな位置づけなのかとずっともやもやしていました。そうしたときに、ソーシャルスタートアップや、社会起業の文脈を知り、ああ自分たちはソーシャルスタートアップ的なことをやろうとしてたんだということがわかって道がひらけたんです」

モクチン企画では、不動産の売買・仲介をしないというルールを設けているという。儲けという観点では、それらを事業にしたほうが絶対に儲かる。しかしそうすると不動産事業者になってしまう。

連さんが行っているのは、あくまでもデザイン・空間的な提案だ。建築の伝統的な歴史や型をどう更新できるのかということを常に考え、発信するよう心掛けている。空間的な提案があるからこそ、建築家コミュニティの中でもモクチンのような理論や実践の可能性があると示すことができるし、若い世代もそれが理解できる。今年明治大学の講師に着任したのは、新しい建築家としての働き方を、教育の場でも示していきたいという思いをもっているからだ。

「モクチン企画の活動では、都市更新の新しいモデルをつくる試みとして、その純粋性を意識してやってきました。儲かる・儲からないではなく、のちの世代がそのモデルを認識できるような純粋性、あるいは作品としての強度をちゃんと作るということを意識しています」

連さんたちは二〇〇〇年代以降出てきた情報技術環境を活用し、レシピの公開を通じて、従来の専門家が使えなかった不良ストックに対する新たなアプローチをつくってきた。現代ならではの新しいモデルとして認識できるシナリオになっているか、ということには強くこだわってきた。

モクチン企画という団体名称から、木造賃貸アパートしか手掛けないと思われがちだが、ビジョンに掲げている「つながりを育むまち（つながりを育む、まちをつくる）」を実現するためにも、今後は体制や団体名称の変更も予定している。

5　都市の営みを再編するアーバニストたち

ここまで見てきた三人は、地域プランナー、ランドスケープアーキテクト、建築家というそれぞれのバックグラウンドをもちながら、その職域に収まらない事業を立ち上げ、様々な角度から都市のありかた、そこでの人の暮らしのあり方を問うている。

姿勢（都市にどのような態度で接しているのか）	
・個人の原体験をもとに明確な都市ビジョンをもっている ・都市、そこに生きる人、時代を読み、「変えないことで都市を変える」 ・既存の職域への葛藤と新たな都市課題解決の方法論の提示	
リテラシー（都市をどのような方法でつかまえているのか）	
・自ら事業を興し、地域に根付く人々と連携して事業展開を行っている ・状況に合わせながら活動内容、法人形態・チームアップを行い、多元的な活動を展開 ・都市や時代に合わせた変化のためのツボを見つけ、都市空間の変容（または保全）を促し、その環境（モデル）を再生産する仕組みづくり ・分野の境界を乗り越え、また分野の融合を行っている	
場所（都市にどのような場所を生み出しているのか）	
・思いや意思が連鎖する場所 ・都市の新たな仕組みの起点となる場所	

表 4-1

彼らの活動における共通点を姿勢、リテラシー、場所によって整理するならば、表4-1のようになるだろう。原点となる個人の思いをベースにしつつも、活動によって社会に新しい価値観を提示しているのではないか。

一人目の椎原さんは、古い建物の保全を通じて、そのまちに暮らす人の意思を引き出し、繋ぐことで、まちの誇りや地域社会を支える仕組みをつくっている。二人目の木藤さんは、自ら店舗を興すなど先頭に立つプレイヤーとなり、その姿をみせることで、まちの人々の前向きな変化を生んでいるといえる。三人目の連さんは、木造賃貸アパートという資源をもとに、新しいビジネススキームを構築し、地場の不動産屋などの事業者が変容するきっかけをつくりだしている。

共通しているのは、空間を一つの方法で変容させるというよりも、その空間が積み上げてきた時間、人、社会変化などを、丁寧に読み解いているということだ。これこそが、都市計画家である彼らだからこそ取り組めることではないか。それに加え、自らもリスクを取り、まちの人と共にチャレンジする。そんな彼らに影響された「人」が変容し、さらに活動が広がりを増している点も、大きな特徴ではないだろうか。

　生きた言葉で語ってくれた三人は、それぞれが自らの「アーバニズム」をもち、それを実践しているアーバニストといえるだろう。

第5章

地域への眼差しがビジネスを強く、優しくする

平井一歩＋大貫絵莉子

本章では、ビジネスと都市の接点や可能性を探りたい。都市は物的・空間的な側面も持つが、より広く捉えれば「一定の地域性を持った環境・経済・社会」を含む存在と言える。ここでは、特に経済の側面から企業活動にフォーカスし、それらが都市・地域の環境や社会にどのようにポジティブな影響を与えられるかを考える。

国内だけでも大小合わせて約四一〇万社（平成二六年経済センサス―基礎調査）の企業が存在するなか、都市・地域との関わりを把握することは容易ではないが、ここではビジネスと都市の大きな関係を今後の期待も含めて仮説的に整理するとともに、いくつかの事業タイプを想定し、事例とビジネスパーソンへのヒアリングを通しながら考えていきたい。

1　ビジネスと都市

そもそも、産業の始まりにおいて、ビジネスと都市は不可分の存在であったが、近代化の過程で分離してきた傾向がある。ただし、都市の役割に対する見直しやSDGs（Sustainable Development Goals：持続可能な開発目標）の推進などにより、両者は新しい形で再度融合していく可能性があるのではないか。

†分離の経緯

近代化以前の農業や家内制手工業の時代、家と生業は一体的であり、生活や生業の範囲も限られていた。経済と社会・環境（都市・地域）が密接に結びついていたと言ってもよいだろう。「家業」という言葉や「細工町」といった江戸時代の町名でもイメージできる。職住近接で各職種が連携しながら都市・地域が成立していた時代のビジネスパーソンは、祭りや防災など暮らしや文化の担い手でもあった。

近代以降の工業化から高度成長期にかけ、労働集約化により「働く場」と「暮らす場」が分離してくる。下町に工場が集中して居住環境が悪化し、郊外という新しい都市がつくられていく。高度成長期になり、労働と生産の分離はますます進み、都心・副都心といったターミナル駅周辺の商業業務集積地に郊外のベッドタウンから通うといったワーク／ライフスタイルが定着していく。

この時代、経済（企業活動）にとって社会・環境（生活）は外部要因であり、搾取の対象ではあっても利益を還元する対象ではなかった、とは言い過ぎだろうか。だが、例えば、水俣病や四日市ぜんそくといった公害病をはじめ、光化学スモッグや河川の汚濁など負の影響の事例は多い。第二次ベビーブーマーである筆者も、子ども時代の一九八〇年頃に見たコーヒー牛乳のような、濁ってさらに泡立っていた多摩川の姿をよく覚えている。

一九八〇年代のバブル期から、都市部の産業では第三次産業化が進んでいった。特に都心部の飲食や娯楽、それらの器となる建築物、それらを伝えるメディアなどといった都市カルチャーも形成された。ある意味では企業活動と都市・地域が結びついたと言える時期かもしれないが、あくまで企業活動のマーケット、いわば「消費」の対象としての側面が強かった感もある。

平成期、ポストバブルの経済政策としての都市再生では、食・住・遊・学といった複合開発も誘導され、都心回帰・都心居住が進展した。二〇一〇年代にはクリエイティブ都市論やイノベーション・ディストリクトなど、都市の創造機能が見直される動きもあった。企業活動だけでなく文化・交流機能や研究開発機能、都市の環境などと経済の関係が意識されるようになったとも言える。

一方、経済活動自体は生活者が認識できる範囲に収まりきらなくなってきた。グローバルなサプライチェーンは安価な原材料調達を実現したかもしれないが、災害や紛争に伴う経済活動の分断、途上国での不適切な労働、自然資源の搾取、富の過剰な集中といったひずみも大きくした。いわばグローバル化・バーチャル化してきたビジネスだが、その直接的な影響を受けるのは、具体的な空間である都市・地域の環境、また、そこに暮らす人々

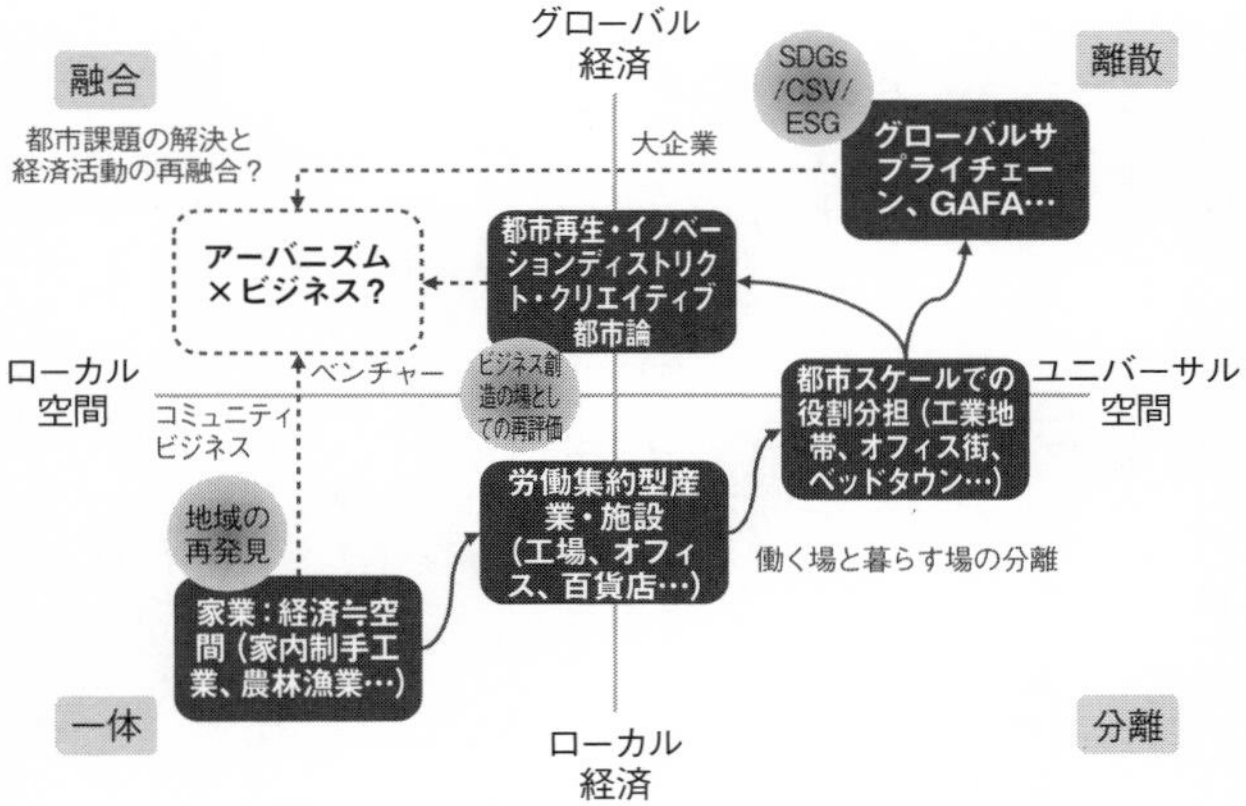

図 5-1　ビジネスと都市の関係性の変化イメージ

のコミュニティである。

冒頭、都市・地域を「一定の地域性を持った環境・経済・社会」を含む存在と表現したが、現在までの状況は、「経済（ビジネス）」と「環境・社会（都市・地域）」との関係を見直す視点は生まれているが、まだこれらは完全に融合していない段階と言えるのではないか。

新たな融合の可能性

近年の流れは、ビジネス（経済）においても、より積極的に都市・地域（社会・環境）に眼差しを向けざるを得ない方向に向かっている。

二〇一五年に国連サミットで採択されたSDGsは、経済・環境・社会を統合し、地球レベルで持続可能性を追求する世界共通の目標である。特に、企業を重要なプレイヤーとして明確化し、途上国だけでなく先進国も対象とする点が、ビジネスへの影響として挙げられる。逆に、ビジネス側から言えばSDGsは確度の高い未来のマーケットを示しているとも言える。また、SDGs自体は地球レベルでの目標であるが、その達成においては各国・地域に応じた「ローカライズ」が必須であり、具体のアクションを行うフィールドは都市・地域と言える。

企業活動ではCSR（Corporate Social Responsibility：企業の社会的責任）やCSV（Creating Shared Value：共有価値の創造）といった概念が定着してきている。企業にとって単なる社会貢献（コストセンター的位置づけ）ではなく、社会課題や環境問題の解決が事業成長に結びつくという点が重要である。

背景としては、NPO・NGO・一般市民による情報発信力や専門知識の増加に対し、企業側としても下手なことはできないという側面と、ESG投資の定着、社会インパクト投資やグリーンボンドといった取り組みの発展、クラウドファンディングやシェアリングエコノミーといったコンシューマーの直接的な参画など、新しいビジネスの動きを支える資金調達の仕組みの成長などがある。

社会を構成する人々の意識も変わってきている。二〇二〇年度から小学校の学習指導要領にSDGsが位置づけられた。高校では二〇二二年度から地理総合が必修化され、「持続可能な地域づくりと私たち」が教育内容に盛り込まれる。大学生の就職観でも「人のためになる仕事をしたい」という動機が近年増加しているし、割合は少ないが「社会に貢献したい」も連動している（マイナビ二〇二二年卒大学生就職意識調査）。

一〇年後の社会人はサステナビリティやまちづくりについて根底となる意識や知識が大きく変わってきているはずである。意識だけでなく、「副業・複業」の進展により、生活の場に近い都市・地域領域でビジネススキルやセンスを発揮する二足のわらじ型人材も増加するだろう。

二〇五〇年には世界人口の約七〇パーセントが都市に住むと言われている。都市は地球の持続可能性にとってますます大きな意味を持つようになる。ビジネスもまた、経済だけでなく社会や環境の視点を前提として、フィールドである都市・地域に責任を持って主体的に関与していく態度が重要になっていく。

2　ビジネスとアーバニズム

実際に、ビジネスを通して「アーバニズム」を進める際にはどのようなことを考えながら企業活動を行っていけばよいのだろうか。まずは大企業、ベンチャー、コミュニティビジネスという事業タイプを想定し、これらを法人の「アーバニスト」と見立てながら、事業を通した都市・地域への関わりについて、その「姿勢」（原点となるモチベーションや立ち位置）、「リテラシー」（事業構造や組織体制）、「場所」（都市・地域への関わり方）といった視点から考察してみる。

もちろん、各々の区分は厳密なものではなく、あくまで数事例をふまえて仮説的に示した段階である。各々のビジネスの現況をふまえながら、たたき台としていただければ幸いである。

†大企業とアーバニズム

日本に存在する約四一〇万社のうち、大企業（厳密には中小企業以外）が占める割合は〇・三パーセント（一・二万社）に過ぎない。ただし、従業者数は約三一パーセント（四〇〇〇万人）、付加価値額は約四七パーセントを占め、経済活動への影響は大きい。その知名度ゆえに社会的責任も強く問われる。一方、サプライチェーンはグローバルに広がり、製品・サービスはマスプロダクト型というイメージもある。大企業ならではの都市・地域への関与はどう考えるとよいのだろうか。

	大企業	ベンチャー	コミュニティビジネス
姿勢	・社会的責任 ・ESG投資 ・ステークホルダー多数 ⇒企業理念の再認識（統合報告書など契機）	・社会的使命感 ・シンプルな意思決定 ⇒都市・地域との接点づくり ※地域側の目利き	・コミュニティの一員 ・地域課題解決＝目的 ⇒ビジネスや他の主体との連携
リテラシー	・企業規模・文化に応じた組織体制 ⇒社員の認識、総合的な窓口部署、外向き人材の活用	・比較的シンプルな事業 ・新しいビジネスモデル ⇒顔の見える関係、現地拠点・人材	・収益性や事業継続性に課題 ⇒財務バランス、ビジネスセンス・スキルの向上
場所	・「面」的ネットワーク ⇒生産地の環境（安定供給） ⇒販売地のNW（販路開拓）	・「点」を打つ ⇒現地拠点、地域NW	・「根」を張る ⇒地域内連携・「種」を蒔く ⇒プラットフォーム化

表5-1　法人としてのアーバニストとビジネスの類型化

（姿勢）

大企業であれば、基本的に企業理念として社会的責任や社会課題への対応はすでに謳っていると思われる。生産から販売まで事業の構成要素を洗い出せば、都市・地域との接点を見出すことは決して無理な話ではないはずだ。一方、良くも悪くも事業の活動や企業ブランドが一旦できあがっているなか、都市・地域という個別性が高い分野に関わろうとしても、収益性を厳しく求める投資家の存在や事業規模の大きさや組織体制の複雑さなどによる「舵が切りにくい」特性もあるのではないか。

SDGsを背景に、CSR・CSV、ESG投資など、環境や社会に関わる動きにも追い風が吹いている（監視の目が強まっている）。今こそ、企業理念を再認識（本来のリブランディング）すると共に、事業戦略上のストーリーを再度見直す必要がある。ESG投資の成長に応じて重要性が高まっている統合報告書の作成なども再認識の機会として活用が考えられるであろう。

（リテラシー）

企業のトップが都市・地域とのコミュニケーションやネットワーク構築を決心したとしても、その意思をビジネスの現場にどう浸透させていくか、もしくは、現場の課題意識をどう企業の経営に反映させていくか。

企業の規模や事業形態、企業文化などに応じた方策が必要となるが、例えば、後に掲げる良品計画では、「ソーシャルグッド事業部」という専門部署を立ち上げ、店舗拡大や人材育成といった全社的な事業戦略と各店舗や出店候補地のローカルな社会課題を結びつけている。生活領域の全般を幅広く対象とし、国内各地での店舗ネットワークを持つ企業としての戦略と言えよう。

一方、世界約一九〇カ国で三〇万人近い従業員を擁する多国籍・巨大グローバル企業であるネスレでは、あえて専門部署を置かず、サステナビリティを個々の社員活動の前提としているとのことである。

（場所）

大企業の事業の特徴は、事業の規模やグローバルな、いわば「面」的なネットワークと言える。それを都市・地域といったローカルなネットワークに接続していくことで、ビジネス側でも都市・地域側でも新しい展開が考えられる。

メーカーであれば、生産地の生活環境改善を行うことで生産量や品質の安定性を高めるといったことが考えられる（ネスレ「モガ開発プロジェクト」ほか）。また、流通・販売業であれば、事業拡大という戦略の中で、地域の産品を店舗で販売したり、食材として活用するなど「土着化」を進め、都心から地域だけではなく、地域内での循環、ある地域から他の地域へと循環させていく媒介となることなども考えられる（詳細は後述の無印良品インタビュー参照）。

グローバルな製品やサービスといった「大きなサイクル」と地域の産業やコミュニティといった「小さなサイクル」を連携させることで、単なる生産地、消費地ではない、共存共栄の関係づくりができる。

†ベンチャーとアーバニズム

独自のアイデアや技術をもとに新しいビジネスを展開するベンチャー企業は、今後の社会を変えていく存在として期待される。ベンチャー企業の明確な定義はなく、資金調達の有無、急成長への志向の有無などにもよるが、日本では概ね年間一三万社が起業し、一八〇〇社程度が新規の資金調達を行っている（「ファイナンス No. 653」二〇二〇年四月、財務省）。

基本的にはまだ創業から時間も短く、社員数も少ない。ビジネスモデルとしては新規性が高いが、一般的には、大企業と比較して知名度も高くない、商品やサービスの規模も小規模な状態であり、これから事業の拡大を図ることを目指している状態にある。

（姿勢）

近年、社会課題や環境問題の解決を目的とし、その実現手段として起業という手段を選んだ、いわば「サステナビリティベンチャー」とでも言えるようなベンチャーも多く登場してきている。そこまでいかずとも、基本的に起業するということは、今までに着目されてこなかった新しい社会課題の解決を目指すということであり、特にＢｔｏＣ、ＣｔｏＣビジネスでは、都市・地域に関わるものも多い。

都市・地域側としても、この様な志向性を持つベンチャーと連携することで、抱えている課題を積極的に解決することが考えられる。逆に言えば、そのようなビジネスを発見するための力、有効性を判断する力など、地域としても目利き力を鍛える必要がある。

（リテラシー）

ベンチャーは基本的には中小企業であるため、意思決定も速く、社内のガバナンスという点でも比較的シンプルな傾向がある。小さな地域でも多様な意見が飛び交うのがまちづくりの常であり、責任感と決定権を持つ経営者やコア社員が現場レベルで関わることで、具体的な協議や取り組みがスムーズになると期待される。

まだ大企業のような知名度や社会的信用を持たないベンチャーにとって、地域と「顔が見える」関係をつくることは事業拡大に必須であるし、経営者やコアとなる社員の顔が地域にも見えることはベンチャーの持つ小ささゆえの強みとも言える。

（場所）

大企業をある程度できあがった面的なネットワークとすれば、ベンチャーは「点」をたくさん打とうとしている段階と言えるだろう。だが、「点」であることは、地域との関係をつくるうえでメリットにもなり得る。例えば、地域ＳＮＳであるＰＩＡＺＺＡでは、ＳＮＳというデジタルサービスでありながらリアルな地域の拠点を設けたり、コミュニケーターを地域に配置したりしている。

また、地道ではあるが地域の中で「汗をかいて」信頼を得ることが大事だ。何らかのトラブルは避けられないかもしれないが、活動の中で信頼関係を築いていく、そこに新しいビジネスのチャンスが転がっているかもしれない（詳細は後述のボーダレスハウスインタビュー参照）。

†コミュニティビジネスとアーバニズム

コミュニティビジネスは「地域の課題を地域住民が主体的に、ビジネスの手法を用いて解決する取り組み」である。活動主体は多様だがＮＰＯ法人が比較的多くを占める。ビジネスと言っても利潤や事業拡大を絶対条件としない事業も含めて考えれば、まちづくりそのものと言ってもよい。

一方、対象とする地域の課題は、本質的に収益性が高い事業とはなりにくく、リーダーの自主性や無償ボランティアに頼らざるを得ない、専業スタッフが少なく事業に関する専門知識や労力が不足するなど、事業の継続性が課題となっているものも多い。

（姿勢）

コミュニティビジネスは、その成り立ちからして、基本的には活動主体自体も地域を構成し、地域で活動する一員である点が、他の事業形態と最も異なる特徴であろう。その地域に関わる多様な主体との連携を直接的に構築できること、さらに、地域の関係者同士をつなぐこと自体も地域内の社会資本を豊かにしていく意義を持つ。

逆に考えれば、コミュニティビジネスの課題である事業の持続可能性を高めていくためには、外部のリソースと適切に連携する必要があるとも言える。地域の多様な関係者や資源をつなぐことで、ボランティアやプロボノ、企業の人材派遣などといった人的な支援、小学校や公園など地域で有効活用されていない空間・資材などの資源を利用することもできる。そのためにも、自らの活動の公益的な意義を明確にし、適切に伝えていく必要がある。

（リテラシー）

活動の公共的な意義に加え、関係者のメリットを打ち出すことで、自治体や企業からの委託事業など自律的な活動資金を得る道も拓ける。あわせて、即地的な活動の実績を全国に展開し、さらにまた各地で実績を積んでいくという循環をつくりながら、事業ボリュームを拡大させたり、事業を複合的なものにしたりしていくことも考えられる。

具体の事業構成は当然ながら活動団体により異なるが、ＮＰＯ法人コミュニティビジネスサポートセンターによる基準（案）では、行政からの補助金、助成金が全活動費の五〇パーセント以内という目安が挙げられている（企業の社会的責任と新たな資金の流れに関する研究会第七回研究会資料）。例えば、放課後プログラム提供事業を全国的に展開している放課後NPOアフタースクールでは事業規模約七億円の九割をプログラム提供事業の収益で賄っている（二〇一九年度財報告）。後述する循環生活研究所では自主事業、受託事業、助成金が概ね三分の一ずつの構成とのことである。

もちろん、地域内での小さなビジネスや非営利の活動を否定するものではないが、事業と社会的インパクトの増加という観点から、コミュニティビジネスもスケールアップすることを積極的に考えることで、新しい可能性が開かれるのではないか。活動を持続的にしていくために、今後のコミュニティビジネスでは、より高度なビジネス的なセンスやスキルもますます求められていくだろう。

（場所）

コミュニティビジネスが都市・地域に関与する可能性は、大きく二つの側面から考えることができるのではないか。一つは、地域に根ざした主体として、活動範囲は狭いがコミュニティを構成する多様な関係者を結びつける、樹木の「根」の様な役割だ。例えば、食を中心としたコミュニティでも、その関わりは、農業やマーケット、食育など多様に広がり得る（詳細は後述の循環生活研究所インタビュー参照）。

もう一つは、同じ課題や技術を全国で共有して展開していく、いわば「種」を蒔いていくような役割だ。即地的な活動で培ったソリューションをより広く社会に還元していくプラットフォームとも言える。例えば、培ったコンポストのノウハウをコンポストアドバイザーのネットワークとして全国に展開し、アドバイザー同士の交流や成長につなげている事例（循環生活研究所）、市民や企業の受け皿となる事業を型として確立して全国規模で展開している事例（放課後NPOアフタースクール）などがある。

3　ビジネスと地域の間をつなぐ「アーバニスト」

法人としてのアーバニストの中には、さらに具体的なビジネスパーソンとしてアーバニズムを推進している個人としての「アーバニスト」もいる。具体的にどのような人物なのだろうか。極端な話、経済活動だけを考えればビジネスが地域に積極的に関わる必然性もない。コミュニティビジネスならまだしも、大企業やベンチャーで入社時に「まちづくり」をしたいという人はむしろ稀有と言えるだろう。

非常に限られた範囲ではあるが、事業を通して都市・地域にポジティブな影響を与えている上で重要な役割を担っていると感じたビジネスパーソンにインタビューを行い、その素顔を探ってみた。インタビュー対象は大企業、ベンチャー、ソーシャルビジネスといった前述の事業タイプから選定したが、実際には多様な背景や動機があるはずなので、あくまで参考として見てほしい。

†暮らしと社会のインフラとしての「土着化」（良品計画）

無印良品（ＭＵＪＩ）ブランドとして家具、衣料品、雑貨、食品などを手掛けている良品計画だが、近年は住宅や小屋の開発、廃校活用や地方創生といった、直接的に都市・地域に関わる事業を行っている。

そもそも無印良品は、バブル景気の真っ最中である一九八〇年に、消費社会へのアンチテーゼとして誕生したブランドである。良品計画の目指す姿として、「「感じ良いくらしと社会」へ向けてグローバルに貢献する個店経営の集団として世界水準の高収益企業体」が掲げられている。「暮らしと社会」への貢献と「高収益企業体」を両立させるための戦略として、同社では三〇〇〇店舗拡大・土着化という戦略を持つ。

それだけの店舗拡大を実現するためには、従来のような駅ビルやロードサイドといった、普通に商圏として成立する場所だけでは不可能である。これまでは着目してこなかった小規模な商圏も含めたすべてのローカルにアプローチすることが必要となり、近年の新しい取り組みである「土着化」につながっている。

図 5-2　「無印良品」直江津

具体的には、地域の産品を店舗で販売（つながる市）、団地のリノベーションと連携して地域の拠点となるタイプの店舗を開設（光が丘）、中心市街地への大型店舗（直江津）・小型店舗（酒田）の出店、商圏人口が少ない東日本大震災復興エリアでの道の駅への出店（浪江）、廃校活用のプロポーザルへの応募による複合施設の協働開発（房総エリア・シラハマ校舎）など、地域の特性と個店の工夫に応じた土着化が必要となってくる。

無印良品の各地域での取り組みは、幾つかの機能が重なって地域を活性化しているように思える。一つは、団地や中心市街地という地域の拠点で地域に開かれた場所をつくるパブリックスペースとしての機能である。さらに、地域の産品の販売や食材化などにより新しいローカルビジネスを生み出すインキュベーション機能がある。その先には、地域で見出した新しい価値を無印良品の商品として取り込み、そのネットワークを介して流通させていく可能性もある。

無印良品の商品を日本のどこからでもアプローチできるようにする大サイクルだけでなく、それぞれの地域で価値を生み出していく小サイクル、さらには小サイクルから大サイクルに還流していく。企業から各地域への一方通行ではなく、地域から企業、地域から地域へと双方向に広げていくビジネスの流れが定着すると、大企業のネットワークが地域をつなぐハブとなっていくのではないだろうか。そのプロセスで、大企業の社員と地域の関係者など多様な交流が生まれ、双方がアーバニストとなっていくであろう。

この際に企業の体制としてポイントになっているのが「ソーシャルグッド事業部」である。事業開発担当を前身とする同部署は、社会によいことを前提にまちづくりや商品開発などをミッションとして担い、これらの事業推進に携わっている。企業内に組織として明確な位置づけがあると共に、その活動を人材育成、商品開発、店舗出店と関連させている。

†グローバルはローカルの集合

生明弘好さん［株式会社良品計画　執行役員　ソーシャルグッド事業部長（取材当時）］

生明さんは新卒で広告代理店に勤務、その後、アメリカに留学してMBAを取得後、当時良品計画の親会社であった西友に入社。入社後はグローバルな新規事業開拓を担当し、バリバリの「ビジネスパーソン」として活躍してきた。現在、ソーシャルグッド事業部のトップとして、個人として、また組織として、どのようなスタンスで都市・地域に関わっているのだろうか。

生明弘好さん

Q　入社から現在までのキャリアについて簡単に教えて下さい。

A　一九九一年に西友に入社してからは、当時西友が買収していたインターコンチネンタルホテル担当として香港やシンガポール等でホテル開発事業を六年間行ってきました。その後、当時西友子会社であった良品計画に入社し、アジアやアメリカで店舗の立上げや現地法人の設立などを行ってきました。二〇一四年日本に帰国し、ソーシャルグッド事業部の前身である事業開発担当になりました。
Q　今までのキャリアの中で、都市や地域に関して感じたことはありますか？
A　海外赴任経験では、「どんな大都市もローカルの集合」ということに気づきました。皆が羨む大都会ニューヨークでも地元ならではのコミュニティがあり、普通の生活を送る人の集合でまちができていたということです。
Q　各地域で事業を推進していくうえで、地域に対する特別な思いはありますか？
A　これまでも事業のエリア拡大に関わる業務に従事していたこともあり、基本的には良品計画の事業拡大の一環として事業開発を行っているという認識です。ただし、どんなローカルにも社会をよくしたい人はいます。良品計画がそのような人同士をつなげ合わせる媒介となることが、結局は三〇〇〇店舗への拡大という事業戦略につながっていくと思います。まずは市場となる日本全国のローカルが元気になる事が必要と考えています。
Q　企業の活動や仕組みとして、どのようにローカルに関わる工夫を行っていますか？
A　まずは、各店舗での事業として、地域に入り込みローカルで活動する人たちと連携して展開しており、地域の産品を販売したり、食材として活用したりしています。ゆくゆくは、ある地域の産品が無印良品を介して他の地域で展開できるようなつながりも視野に入れています。

また、人材育成の一環として社員を地域の行政に派遣しています。募集に当たっては、社内でチャレンジ精神の高い三〇代の社員を公募しています。派遣に当たっては、自治体が一定の経費を負担する地域おこし起業人制度を活用しています。

Q 今後の都市・地域に関して、将来的な視点もふまえて求めるものはありますか?

A 鍵となるのは「人材」だと考えています。良品計画では、これまで正当に評価されないものを評価する姿勢を取って商品開発を行ってきました。次に着目すべきは、高齢者、障害者、子育て中、外国人といった人材で、彼らは正当に評価されてこなかったが大きな価値と可能性があると考えています。

現在は少しでもいろいろな人が何らかの形で地域における活動に参加できる、それぞれが一つの仕事に縛られるのではなく様々な活動ができ、インクルーシブな社会を良品計画が媒介となってつくっていきたいと思います。

生明さんのビジョンの背景には、暮らしを総合的に捉え、今までに見逃された価値に光を当ててきた無印良品の企業文化と事業戦略の一体性、また、新規事業開拓の担当としてキャリアを重ねる中で培われた地域や人への眼差しが感じられた。

企業組織としては、やはりソーシャルグッド事業部という明確な存在の影響が大きい。各店舗の活動で地域との接点を持つと同時に、企業人事としても人材育成や地域での新規事業開拓を見据えながら地域へ人材を派遣している。全国レベルとローカルレベル、ビジネスと地域の課題解決といった複眼的な視野を持つビジネスパーソンを育成していく流れができている。

地域産品の取り込みや地域活性化に関わる事業の推進など、地域を単なるマーケットではなくビジネスの資源としても活用する関わりにより、地域側の関係者も、各々の店舗を通して地域に眼差しを向ける生産者となっていくだろう。

†外国人と日本人のコミュニティが地域に開くとき（ボーダレスハウス）

ボーダレスハウスは、多文化共生社会を目指して、日本人と外国人が共同生活できるシェアハウスを運営している。当初はハウス内のコミュニティ形成を重視していたが、近年はハウスを地域に開く試みも展開している。ベンチャーとして事業の成長を目指している同社が、なぜ地域を重視するようになったのか、また、そのことがビジネスと都市・地域の双方にどのようなメリットをもたらしていくのだろうか。

前身となる株式会社ボーダレス・ジャパンは、「ソーシャルビジネスを通じて社会問題の解決に取り組む、社会起業家集団」として独特の起業促進・支援を展開している。二〇〇七年に設立され、現在までに四〇社が起業、総売上高は五五億円に達する（二〇二一年四月時点）。ボーダレスハウス株式会社はグループ内で最初に独立した法人であり、日本（東京圏・関西圏）、韓国、台湾で現在九〇棟程度の国際交流シェアハウスを運営している。

ボーダレスハウス事業の想いは「差別偏見のない多文化共生社会」の実現にある。設立当初のボーダレス・ジャパンは通常の不動産事業を行っていたが、外国人留学生が家を借りられない、日本人と関わりがないといった課題に直面し、不動産オーナーからボーダレスハウスが不動産を賃借して入居者に転貸するという事業モデルが生まれた。

入居者は外国人と日本人が半々であり、日本人の入居者にとっても、国内に住みながら外国人の友人ができる、外国語が学べるといったメリットになる。外国人と日本人双方にとってのメリットは入居率の高さにも結びつき、オーナーにとっては安定したリターンを期待できるメリットになっている。

当初、入居者間でのコミュニティは重視していたものの、都市・地域との関わりはあまり意識しておらず、近隣に「迷惑をかけない」という配慮意識はあったが、積極的に関与する対象ではなかったという。ただし、不動産事業という特性もあり、必ず地域と関わるタイミングが来る。同社にとっては関西での事業展開がそのときだった。

事業拡大のために、京都の観光地のすぐ裏に位置する閑静な住宅街でハウス設立を行う必要があった。地域の住民は良くも悪くもコミュニティ意識が強く、外国人を始めとした観光客にも辟易としており、国際交流シェアハウスへの理解がすんなり得られる状況ではなかった。ちょうど地域との交流の必要性を意識していたタイミングでもあり、地域に開かれたシェアハウスという新しい挑戦が始まった。

オープンに先立つ地域住民向けの説明会では手厳しい反対意見をもらうが、トラブルを予防しながら地域との関わりを生むために社員が住み込み、地域の人々を招くイベントを繰り返す、さらに町内会イベントに入居者の参加を促すといった試みを重ねてきた。現在では、地域からの理解が得られるだけでなく、近所の子どもが普通に遊びに来る、地域イベントの担い手として入居者が受け入れられる（隣の町内会に羨ましがられる）といった関係が構築された（ボーダレスハウス京都上賀茂）。

もともと外国人留学生には日本で地域との関わりを持ちたいというモチベーションがある。地域側では、当初は外国人への戸惑いや抵抗もあるが、そのハードルを越えれば、活動の担い手や空き家問題など、ハウスの入居者は地域コミュニティが抱える課題に対する強力な助っ人であることに気づく。何より、日常の触れ合いを通して相互の理解が進んでいく。外国人と日本人による入居者のコミュニティが地域と接続することで、多文化共生

図 5-3　地域に開かれたシェアハウスのイメージ図

と地域コミュニティの両方を豊かにしていくはずだ。単なるアパートではなく、コミュニティ運営のノウハウがあるシェアハウスという居住形態が地域に開かれることで、地域のコミュニティに新しい価値を提供する可能性は高いと思われる。

今後は現在の直営モデルに限らず、地域とのパートナーシップによる新しいビジネスモデルも積極的に展開しながら、地域とのコミュニケーションの促進と事業の成長を目指しているとのことである。二〇二一年秋頃には東京・浅草橋に、地域オーナーとの共同運営、地域との交流スペース設置、旅館業としての短期滞在スペースの設置など、新しい試みの第一号となるハウスがオープンする予定である。

†多文化共生な社会をつくる仲間たち

李成一さん［ボーダレスハウス株式会社　代表取締役社長］

ボーダレスハウスの経営者として事業を推進する李成一さんへのインタビューを通して、ベンチャー経営者としての地域への関わり方の変化を伺った。創業者からシェアハウス事業を引き継ぎ、代表となった今、どのような想いで進めているのだろうか。シェアハウス内を地域にも開くことでどのような可能性を感じているのだろうか。

Q　現在までのキャリアについて簡単に教えて下さい。

A　大阪で生まれ育ち小学校から朝鮮学校に通っていたので、基本的には在日コリアンのコミュニティの中で育ってきたのですが、大学生になって初めて日本人の友人ができました。幸い私はまわりの環境に恵まれており、自分のアイデンティティはかけがえのない個性であり誇りだと認識することができましたが、そうでない人がいるという現実にも気づき、皆が自分のアイデンティティを誇りとできるような手伝いをしたい思いはありました。

現在の仕事を始める背景としては、新卒で入社した会社の同期が早々に独立して起業し、ボーダレス・ジャパンを設立したことです。二〇〇八年に本格的なソーシャルビジネスとしてボーダレスハウスの事業を始め、事業拡大のために韓国進出を考えていた創業者が声をかけてくれました。その後、二〇一二年にBORDERLESS KOREAを設立し、二〇一七年にボーダレスハウス株式会社を設立、代表取締役社長として活動しています。

李成一さん

Q　今までのキャリアの中で、都市や地域に関して感じたことはありますか？

A　積極的に都市・地域に関わるという考えは特にありませんでした。ボーダレスハウスの活動にジョインしたのは、「人を相手に仕事をするのが面白そう」という考えですが、ルーツである「韓国で仕事をしてみたい」という、もう一つの思いもありました。

Q　各地域で事業を推進していくうえで、地域に対する特別な思いはありますか？

A　地域に開かれたシェアハウス（ボーダレスハウス京都上賀茂）をつくったのは、ベンチャー企業としてなんとしても事業拡大のチャンスをものにしなければならないというミッションの中での逆転の発想でした。

地域との関係性をつくるまでには、たくさんの試行錯誤がありましたが、地域の方と打ち解けた関係ができたことで、我々としてもボーダレスハウスの新しい可能性を発見しました。地域の皆さんにとっても、観光客ではない外国人が日常に入ってくることの価値を再発見する機会となったと思います。

Q　企業の活動や仕組みとして、どのようにローカルに関わる工夫を行っていますか？

A　現在の事業運営体制は、入居に伴う相談や提案を行うコンシェルジュチームと、入退去や運営の支援を行うハウスマネジャーのチームに分かれており、マネジャーがエリア担当として地域との接点となっています。地域住民とのトラブルが起きたときには、マネジャーと入居者が一緒に訪問するようにしています。苦情を言ってきた相手も、お互いの顔がわかると納得してくれることが多いです。

Q　今後の都市・地域に関して、将来的な視点もふまえて求めるものはありますか？

A　人が地域に愛着を持つためには、空間そのものだけではなく、そこで得られた人との繋がりがセットであることが重要ではないかと思います。ハウスを退去してもなお、そのまちに愛着を持ってくれる入居者には、そこでハウスメイトと共に楽しい思い出を過ごした経験があるようですし、地域コミュニティとの関係でも同様かと思います。私自身も現在の住んでいる茅ヶ崎で知り合いもでき、新たなルーツとなりつつあります。地域の活動にも積極的に参加していきたいという思いを抱くようになりました。

事業としては、現在の直営によるビジネスモデルでは事業拡大にも限界があることと、地域に開いたハウスの可能性をより積極的に模索していきたいことの両面をふまえ、地域の事業者とのパートナーシップによる新しい事業形態も模索しています。地域に開くことは、事業の目的でもある多文化共生社会に向けて「平和のタネ」を蒔くことにもつながると思います。

事業の中で地域とのつながりをつくることで、事業者自身の地域に対する意識や態度も変化していく。都市・地域で外国人の居住が拡がっていく中、ビジネスパーソン、ハウス入居者、地域住民の三者が相互に影響を与え合いながら、グローバルな視野とローカルの価値観を併せ持つアーバニストになっていくプロセスが生まれつつある。その先に、同社が描く多文化共生社会が、地域に根づきながら広がっていくのではないか。

†ローカルの実践と普及のプラットフォーム（循環生活研究所）

循環生活研究所は、拠点となる福岡を中心に、コンポスト／農園／マーケット／教育など栄養を核としたコミュニティ内の食の循環を実践すると共に、アドバイザーの育成によるその生活スタイルの普及活動を行っている。創設者の娘として物心つく前からネイティブに循環生活の中心で育ってきた平さんは、家業とも言える活動にどのような観点から取り組んでおり、地域に対してどの様な思いを抱いているのか。経営陣という意味ではまだ中核ではないが、将来的な視野も含めて探ってみた。

特定非営利活動法人循環生活研究所は一九九〇年代から活動をはじめ二〇〇四年に法人化された。拠点である福岡市の郊外で始まったコンポスト（堆肥化）普及活動は、初心者でも失敗が少ないダンボールコンポストの手法の開発・提供へと発展してきた。

その中でも、都市・地域と関わりが深い取り組みは二〇一七年に開始した「ローカルフードサイクリング」事業であろう。これは、半径二キロという単位を基本として、生ゴミの堆肥化、各家庭でのコンポスト、コンポストクルーによる堆肥の回収、コミュニティガーデンでの有機野菜の生産、地元マーケットでの販売といった一連のサイクルを一体的に推進するものだ。

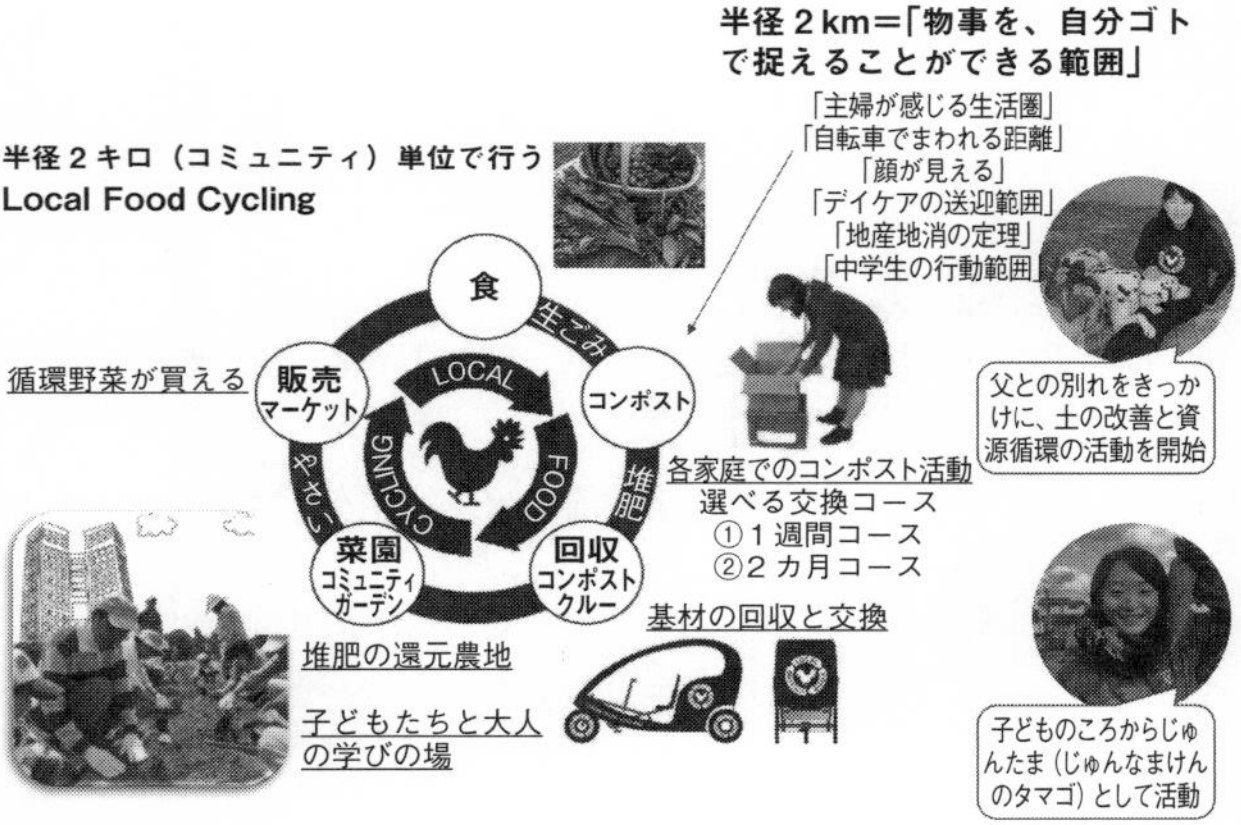

図5-4　ローカルフードサイクリング

現在は活動拠点である福岡の三つの地域でモデル事業を推進している。一つは人工島であるアイランドシティで実施している都市近郊型で、マンション暮らしの三〇～四〇代の子育て世代といった従来はコンポストに縁遠かった層を中心としているＬＦＣ照葉。もう一つは、坂が多く買い物難民の課題を抱える高齢者地域で、戸建住宅の庭を借りてコンポストと見守りを一緒に行っているＬＦＣ美和台。最も新しいのは、博多の中心商業地区でビル屋上を使って野菜の栽培を行い、コンポストは従業員が自宅で行うＬＦＣ天神。地域特性に応じて循環や付加価値の形も変わっていく。

もう一つの活動の柱がコンポストアドバイザーの育成事業であり、研修活動や連絡体制の整備、リーダーズミーティングの開催などを行っている。現在は全国で約二〇〇名のネットワークとなっている。アドバイザーになる人は、コンポストに興味があるだけでなく、既に地域で何らかの活動を行っている人も多く、従来の活動内容や組織とコンポストの普及活動が結びつき、地域の特性に応じた自律的・持続的な活動になっていく。

これだけの事業を行ううえで、事務局には常勤スタッフ六、七名に加え、三〇名程度のボランティアが活動している。その事業構成は自主事業、受託事業、助成金が概ね三分の一ずつとのことで、モデル的な事業を推進する活動団体と全国ネットワークの事務局機能という二つの活動とも連動して複合的、安定的な事業構造を形成している。

食を中心とした循環をコミュニティという単位で行うことにより、健康や廃棄物、防災、教育といった地域の関係者と連携し、多様な循環をつくりながら、地域の総合的なＱＯＬ（Quality of Life）を高めている事例と言えよう。さらに、二キロ圏という活動範囲は、徒歩圏での移動を基本とした伝統的な地域コミュニティと通じる範囲でもあり、ウォーカブルな都市づくりといった国が推進する施策との相乗効果も期待できる。さらに、コンポストアドバイザーという形で全国的なプラットフォームとしても活動を展開している。両者の活動が二重構造となって連鎖的に展開していると言えよう。

なお、循環生活研究所の活動は、創設者の父親が病気となったときに、創設者が母と共に開始した有機野菜による食事療法がスタート地点であった。現在は創設者の娘も活動に加わっている。一人の食事療法から始まった家族の物語が、都市・地域という空間、親子三代という時間、多様な関係者に広がっている。

†SDGsネイティブが地域に活動を広げるときに

平希井さん［特定非営利活動法人循環生活研究所 コンポストアドバイザー］

創設者の娘として幼少時から社会活動に親しみ、現在も東京で働きつつ、コンポストアドバイザーとして積極的に活動している平希井さんへのインタビューを行いながら、将来の「家業」を担う身として、また、都市・地域の生活者としての思いを伺った。

平希井さん

Q　現在までのキャリアについて簡単に教えて下さい。

A　周囲にはまだ畑などもある福岡市の郊外部で育ちました。祖父の病気をきっかけに母と祖母が食事療法のためにと有機農法の野菜を作る活動を始めていました。有機野菜を作るためにコンポストを利用しており、物心ついたときから生ゴミは堆肥にするものという感覚でしたし、いつでも野菜がそばにある風景でした。また、事務所を兼用していた家にはいつも多くの人が出入りしていました。今思えば、家族と地域コミュニティの中心に「食」がある日常でした。

Q　日常の環境を、自らの活動として認識したのはどのようなきっかけでしたか？

A　私が大学生の時、母が人材育成・事業支援プログラムである「社会イノベーター公志園」への選抜をきっかけに、それまでは「団体」として語っていた活動を、「私」ごととして語るようになりました。祖父の癌治療のために食事療法をしようとしてもなかなか安全な食が手に入らない、自分たちがその食を作り出す活動を行うことで、子供達の世代にも安全な食を届けたいというものでした。祖父のためから始まった活動だが、自分達のためを思って事業を継続している母の思いに気づいたとき、家の事業と自分の関係が繋がりました。

ちょうどその頃、女性の自立支援のための有機農業調査に同行してフィリピンに行き、現地では限られた富裕層しか有機野菜を手にできないという現実を知り、日本においても同じ問題があるように感じました。また、循環生活研究所の活動では、野菜の作り手と使い手が同じコミュニティの中にいて、お互いを下の名前で呼び合い、「誰々の野菜」と話せることが嬉しく心地よいと感じていました。このような気づきや経験を通じ、大学を卒業する頃には「食」が自身のテーマになっていました。

Q　団体の活動や仕組みとして、どのようにローカルに関わる工夫を行っていますか？

A　活動を通して将来的に循環生活研究所の活動を引き継ぐ思いは芽生えていますが、同時に外部からの視点も必要ではないかと思うようになりました。そのため、大学院では故郷を離れて東京に出ることにし、修士論文ではコミュニティコンポストの可能性について、住民参加や継続性の観点から研究してきました。現在は公益活動の支援を行う財団法人に就職して助成活動という視点から社会課題の活動支援に携わっています。さらに並行して、コンポストアドバイザーとして、関東圏にコンポストの普及と継続支援を行っています。

Q　今後の都市・地域に関して、将来的な視点もふまえて求めるものはありますか？

A　故郷である福岡を離れて高密度な東京に住んでいるからこそ、土に触れることの大切さ、食の大切さや食を通した交流によるコミュニティの可能性などを改めて感じています。

環境や社会に対する強い思いを持ち、活動を始めているSDGsネイティブとしての感覚を持ちながら、各々の仕事や研究の中で専門能力やビジネス能力を高めていく世代が一〇〜二〇年後にはビジネスの中核となっていく。そのときには、コミュニティビジネスやビジネスパーソンは、大企業やベンチャーのそれとも肩を並べる存在になっているかもしれない。

†ビジネス型アーバニストの類型

インタビューをふまえ、ビジネスとまちづくりの関係を考える際のアーバニストとして、下記のような五つのタイプを想定してみた。

①創設者　ディレクター

社会課題の解決（企業理念）とそれを持続的に解決できる事業モデルを確立する役割を担う。育ってきた中での生活の風景や若い時代に直面した社会課題などがテーマに結びついていくことが多い。ただし、企業の戦略が発展していく中で新たな社会課題に着目するケース、若手世代では最初から社会課題の解決に向けた自己定義を目的とする中で具体の事業内容を考えていくケースもある。

②実務コア　マネージャー

創業者と近い位置で理念を共有しつつ、「経営」として事業を推進する役割を担う。大企業であれば部署配置、ベンチャーやコミュニティビジネスであれば創業者との人的なつながりなどがきっかけとなることもある。

③実務者　プレイヤー

事業モデルの中で基本的にはスタッフとして都市・地域とのインターフェースの役割を担う。企業内での担当部署への配属希望、事業に共感したボランティアスタッフなど強いコミットメントを持つケースもある。

④地域協力者　コラボレーター

地域側の活動実践者として、ビジネスと地域の多様な課題の解決をつなぐ接点を担う。まちづくり団体や商業者・生産者など、もともと地域で活動する主体もあるが、ビジネス側が地域で活動する実践者を育成するようなケースも考えられる。

⑤参加型の利用者　アクティブユーザー

単なる消費者を超え、積極的に商品・サービスを利用しながらフィードバックや普及の協力などを行うファン層。ビジネスの展開自体が地域のコミュニティを形成することで相乗効果が得られる。

①〜③は企業・団体組織内でビジネスの主体となるアーバニストである。創設者が都

市・地域の課題解決につながるビジネスを方向づけすることはもちろんだが、それを事業として推進していく実務コア、地域との直接的なインターフェースとなる実務者についても一体的に考えていく必要がある。④や⑤のように地域側でビジネスと連携して活動を行う主体を如何につくっていくかということも、単なるビジネスからアーバニズムと言える活動に変わっていくポイントとなる。これは、いかにビジネスの動きを情報収集できるか、また、企業とのネットワークを構築できるかという地域側の課題とも言える。

4　ビジネスとアーバニズムの幸せな融合に向けて

経済・環境・社会のバランスを満たした持続可能な都市・地域をつくっていくためには、経済の代表格であるビジネスが積極的にアーバニズムを推進していくことが重要だ。一方、アーバニズム自体は、地域での生活者や他のビジネス主体も含めた総合的な活動である。都市・地域の課題解決に向けては、ビジネスとまちづくりはもちろん、ビジネス同士も多様な交流を行い事業の視野を拡げていくことが必要となる。

†ビジネス自体の変革

事例を通して感じたことは、企業規模に関わらず、都市・地域の課題を解決しながら、それを事業戦略や社内の推進体制と連携させていくことは、ビジネスモデルとしての発展性や強靭性を高めると同時に、ビジネスパーソンとしての能力や人間性、また、その集合体としての組織のガバナンスも高めていくということだ。

社会課題の宝庫である都市・地域へと視野を広げることは、ビジネス側から見れば新規事業やマーケットの開拓とも言える。さらに言うならば、従来のビジネスモデルやマーケット自体の変容を自ら仕掛けていくということでもあろう。マルチステークホルダーへの対応能力、生活ニーズに即した課題発見能力などは、予測不可能性が高い時代においてますます求められるだろう。

そして、そのような能力は企業内だけでは得られない。まず、ビジネス側としても、各企業が単独ではなく、共通の社会課題を解決する仲間というスタンスで、規模や業種を超えた交流を通し、ビジネスパーソンとしての視野を拡げる必要がある。

例えば、先鋭的なベンチャーのシーズと大企業のリソースが出会うことで新たな活動が生まれたり、活動が加速したりすることが考えられる。その様なマッチングを行うアクセラレータープログラムも盛んになってきている。これらのプログラムでは地域内の企業や課題を対象としたものもある。

課題意識を共有しながら多業種が交流するコミュニティをつくることも考えられる。例えば、持続可能な都市・社会を目指したオープンイノベーション拠点（シティラボ東京）では「City Lab Ventures」というサステナビリティ特化型ベンチャーコミュニティを発足した。社員レベルでの課題の共有、課題に対する多様なアプローチの情報発信などを行いながら協業を模索している。

営利事業と非営利事業を一体化した事業モデルを構築している企業もある。収益の一定額を還元すると共に人的交流も含めて活動を行っている。前述のCity Lab Venturesでは、自然電力株式会社が「1% for Community」として基金運用を行っている。また、ハチドリ電力では、電気利用料の一パーセントを社会的活動団体の支援に充てることで、自然エネルギーへの切り替えに新しいモチベーションを付加している。

企業間の交流は、自社の既存ビジネスだけでなく、新たな都市・社会の課題に目を向けさせ、新しいビジネスを生み出す種となっていく。特に、社会課題解決型の企業が交流することは、ビジネス型アーバニストの輩出を支える土壌となるように思える。

†ビジネスとまちづくりの交流

本章の主旨としては、ビジネス自体の変化や改革を都市・地域に結びつけていく必要がある。事例を通して感じたことは、大企業の持つグローバルレベルの流通（「面」）から、ベンチャー企業が持つ地域特化型の機動的なサービス（「点」）、コミュニティビジネスでは地域の多様なプレイヤーを巻き込むエリア内プラットフォームとしての力（「根」）と、人材育成や地域間の横展開などテーマ型プラットフォームとしての展開の可能性（「種」）などビジネスの持つインフラ的な力だ。このような特性をうまく都市・地域の活動と融合させていくことで、地域産品の販売、空き家の活用、地域の担い手、コミュニケーションの促進、幅広い教育などへのポジティブな影響が期待される。

ビジネスにとっても、地域は事業のフィールド（マーケット）であるだけでなく、事業のリソース（産品、人材、マーケティングなど）にもなり得るという観点が大事であろう。地域との相互作用が得られることで事業にもメリットがあるし、逆に地域との関係構築がまずいと事業の支障になってしまう。その様な視点から相互関係を築くことが、ビジネス側にとっても地域に関与し続ける意味となる。

ただし、通常のビジネスパーソンは、少なくとも当初は、「まちづくり」という意識はなく、事業の推進が目的であるだろうし、地域側にも新しいビジネスの参入を従来の生活や商売の変化といったリスクと見る人がいるかもしれない。ビジネスと都市・地域が幸せに融合するためには、双方の立場に思いが及ぶ想像力が必要であり、そのためには交流が欠かせない。

交流を実現するためには様々な方法がある。事業戦略と結びつきながら地域との接点をつくっていく総合窓口的な部署をつくることは、大企業として社内外に姿勢を明確化するために有効に思える。小回りの利くベンチャーや大企業でも営業所などのレベルでは、窓口担当と現場の社員が地域に入っていくような工夫も考えられるだろう。コミュニティビジネスには、基本的には市民活動としてスタートしている特性を活かし、地域と大企業やベンチャー企業をつなぎ合わせるという新しい役割も考えられる。

行政による後押しも考えられる。例えば、行政が一定の人件費を負担する地域活性化起業人といった制度もあるし、住民との交流の中で企業のプロトタイピングを支援するリビングラボの取り組みも各地で行われている。公的な制度に乗せることで、企業や自治体も取り組みを組織的に位置付けやすくなるだろう。

†強く、優しいビジネス

「経済(ビジネス)」と「環境・社会(都市・地域)」がバランスよく、また、グローバルからローカルまでのマルチスケールで絡み合いながら循環していくような状態がビジネスと都市の再融合のイメージだ。そのようなビジネスは地域にとって頼りになるパートナーであると共に、関係者やマーケットの変化に応じて生きのびていくしなやかさを持つと信じたい。ビジネスパーソンと地域の多様な関係者である行政や住民、商業者などが活発に交流しながらアーバニストとして育つためのしかけが、企業と地域の両方に求められる。

なお、本章執筆の間にも、スマートシティなどを背景とするテクノロジー企業の都市への進展、アフターコロナの都市を見据えたベンチャー企業の誕生や成長、脱炭素に向けたグリーンビジネスやソーシャルビジネスの進展など、都市に関わるビジネスは加速している。これらが単に都市をマーケットとした企業活動ではなく新たな都市をつくるアーバニズムとして展開していく、また、関係者がアーバニストとして成長していくための多様な交流の場と戦略がますます重要となる。

第6章 キュレーター、アーティストたちが生み出すアーバニスト像

介川亜紀＋園部達理

現在、都市やまちづくりの話題の中で、アートというキーワードは頻繁に耳にするようになっており、事実、数年前から国内でも「都市再生」や「地方創生」の解決策の一つとして注目を集め続けている。実際の事業として特に多いのは、都市部を含む各地域が様々なテーマで開催する「アートプロジェクト」であろう。

このような文脈でもっぱら取り上げられているのは、近視眼的な地域課題への取り組みと直結したアートプロジェクトであり、かつ個々の事例を地域活性化や観光、文化や福祉行政の一環として捉えているものが多い印象を受ける。しかし一方で、アートプロジェクトが実際に地域経済の回復や中心市街地の再生、地方での文化的な発展や人材育成に寄与しているという報告も上がってきている。アートプロジェクトは都市との関わりの面からも注目すべき取り組みと言える。

そこで、この章では、国内のアートプロジェクトを切り口として、その企画・運営や制作、地域のコミュニティ形成に携わるアーティストやキュレーターと都市の関係について概観し、都市や地域の住民に働きかけるアーバニストとしての側面を掘り起こしていく。

1　まちとアート

†まちと関わるアートプロジェクトとは何か？

アートプロジェクトとは、アートマネジメントを専門とする東京藝術大学教授の熊倉純子によれば、「現代美術を中心に、主に一九九〇年代以降日本各地で展開されている共創的芸術活動」を示す。「作品展示にとどまらず、同時代の社会の中に入り込んで、個別の社会事象と関わりながら展開され」「既存の回路とは異なる接続／接触のきっかけとなることで、新たな芸術的／社会的文脈を創出する活動」[1]を意味しているという。

また、SF・文芸批評を専門としている藤田直哉は、「前衛のゾンビたち――地域アートの諸問題」の中で「地域アート」に言及し、アートプロジェクトの流行から、「日本の現代美術の関心が、美的価値の追求からコミュニケーションの創出に移り変わった」[2]と現代アートの構造の変化を指摘している。

この章では、アートプロジェクトとは、美術＝ファインアートに限定されず、「流動的な状況、人々のネットワーク、動的なコミュニティのなかに参入して経験」[3]する特徴をもった、アーティストだけでは完結しない一定の時間と場所や地域の人々との関係性を含む取り組みとして扱う。

†三つの源流と市民との関わり

アーティストやキュレーターが都市に関わりをもつきっかけとして、伝統的な美術制度の枠組みや美術館やギャラリーといった外部から遮断された一律的な展示空間、「ホワイトキューブ」を飛び出し、都市や公共空間にその活動の舞台を広げたことが挙げられる。

美術史家の加治屋健司の議論によると[4]、アートプロジェクトには、「大地の芸術祭 越後妻有トリエンナーレ」、「横浜トリエンナーレ」、「あいちトリエンナーレ」などの地方を舞台にしたアートフェスティバルのほか、ある土地・地域を重視して行われるものであれば都市部で開催されるものも含まれる。この言葉は、「美術館を脱して行われる展示の形式」として、二〇〇〇年代初頭より定着し、一般的に用いられてきたという。加治屋の文章には、作品設置→制作プロセスの重視も含意されている。

加治屋はアートプロジェクトの成立について、「三つの源流」があると指摘している。ひとつめは、五〇年代に具体美術協会[5]や九州派[6]などの前衛美術グループの活動として始まった公共空間での野外美術展だ。九〇年代になるとワークショップを行うなど、「アートキャンプ白州」、「ミュージアム・シティ・天神」などアートの制作プロセスや鑑賞者との関係を重視した現在のアートプロジェクトにつながるような野外美術展が開催されるようになった。
ふたつめは、八〇年代にアメリカから入ってきたパブリック・アートの実践や理論である。北川フラム（一九四六―）がアートプランナーとして携わった「ファーレ立川」（一九九四）、南條史生（一九四九―）がアートコンサルタントとして携わった「新宿アイランド」（一九九五）の公共空間にはそれぞれパブリック・アートが配置された。
前者は都市計画にアートが導入された先駆的な事例で、建物の外壁や車止め、ベンチなどをアート化し、日常的に触れられ、地域活動に活かせる工夫が見られ、後者は開発の意図や建物の性格を理解してもらえるようなアーティストを選定したコミッションワークによる殺伐とした高層ビル群に囲まれたアメニティーの創出が特徴だ。以降、九〇年代には、「東京ビッグサイト」や「ゆめおおおか」などまちづくりや大規模建築にパブリック・アートを取り入れる流れが生じていく。六〇年代に日本の公共空間に出現した彫刻作品の設置事業とは一線を画し、九〇年代以降のパブリック・アートは、作品と置かれる場所の関係性が意識されていなかったわけではないことがわかる。[7]
三つめは、ゲント市立現代美術館館長であったヤン・フートの活動だ。彼のキュレーションによる「シャンブル・ダミ（友達の部屋）」展（一九八六）は、ゲント市内に点在する五八の住宅を会場に五一人のアーティストが展示を行うというものであり、アーティストと会場の提供者が関わって作品を展示し、鑑賞者は各住宅を巡った。一九九五年に東京で開催した「水の波紋'95」(ワタリウム美術館、一九九五年九月二日―一〇月一日)では、路上や幼稚園、公園、寺社など街中の屋外四〇箇所に作品を展示し、青山〜原宿を回遊する当時としてはまだ珍しいまちなかの鑑賞体験を提示した。

以上から加治屋は、アートプロジェクトは「日本の野外美術展の歴史に、アメリカのパブリック・アートとヨーロッパのヤン・フートの活動が紹介されて生まれた」と示唆する。三つの源流を総合すると、九〇年代までにはすでに、アーティストやキュレーターたちの活動や興味が生活や都市と接近していることもうかがえる。

一九九〇年代以降、アートプロジェクトは市民や観客が参加するなどの制作プロセスをより重視するようになった。八〇年代まではあくまでもアーティストが主導し、市民は作品を鑑賞する対象として意識されることはあっても、制作に参加することはなかった。しかし、九〇年代に入ると、アーティストインレジデンスやワークショップの実践などに見られるように、市民や観客などを巻き込むようなプロセスへと変遷していく。これは現在のアートプロジェクトにも脈々と受け継がれている。

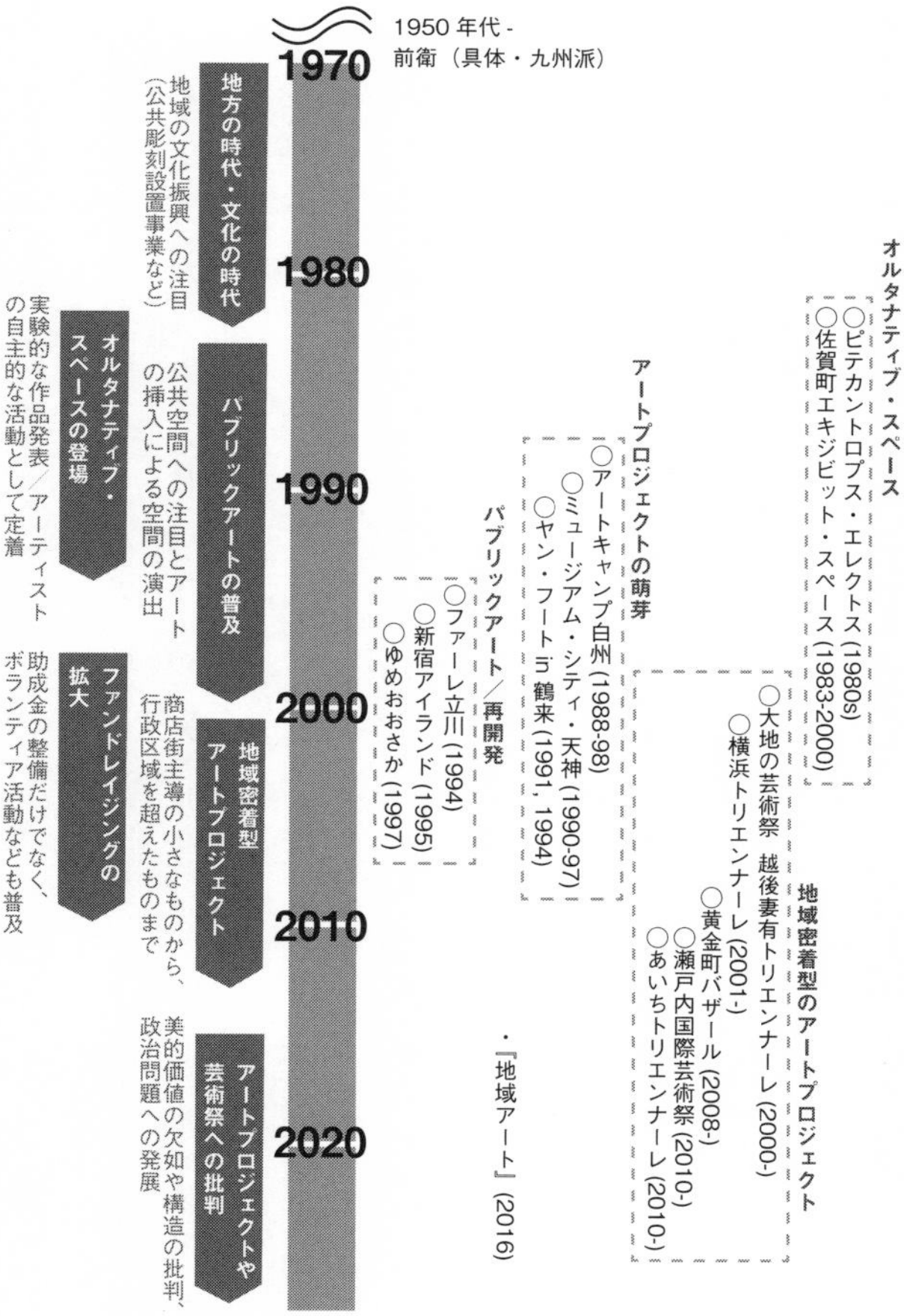
1950年代-
前衛（具体・九州派）
1970
1980
1990
2000
2010
2020
地方の時代・文化の時代
地域の文化振興への注目
（公共彫刻設置事業など）
パブリックアートの普及
公共空間への注目とアートの挿入による空間の演出
オルタナティブ・スペースの登場
実験的な作品発表／アーティストの自主的な活動として定着
地域密着型アートプロジェクト
商店街主導の小さなものから、行政区域を超えたものまで
ファンドレイジングの拡大
助成金の整備だけでなく、ボランティア活動なども普及
アートプロジェクトや芸術祭への批判
美的価値の欠如や構造の批判、政治問題への発展
オルタナティブ・スペース
○ピテカントロプス・エレクトス (1980s)
○佐賀町エキジビット・スペース (1983-2000)
アートプロジェクトの萌芽
○アートキャンプ白州 (1988-98)
○ミュージアム・シティ・天神 (1990-97)
○ヤン・フート in 鶴来 (1991, 1994)
パブリックアート／再開発
○ファーレ立川 (1994)
○新宿アイランド (1995)
○ゆめおおさか (1997)
地域密着型のアートプロジェクト
○大地の芸術祭　越後妻有トリエンナーレ (2000-)
○横浜トリエンナーレ (2001-)
○黄金町バザール (2008-)
○瀬戸内国際芸術祭 (2010-)
○あいちトリエンナーレ (2010-)
・『地域アート』(2016)

図 6-1　アートと都市の関連

†オルタナティブ・スペースの登場

アーティストやキュレーター、住民が地域を舞台にしたアートプロジェクトを協働するようになるきっかけのひとつに、アートの新たな展示場所、いわゆる「オルタナティブ・スペース」の登場が挙げられるだろう。美術館やギャラリーではないスペースでのアートの実践は、米・ニューヨークでは一九七〇年前後を皮切りに、日本では一九八〇年代から野外彫刻の設置以外にも見られた。オルタナティブ・スペースは、大規模でしばしば権威的であった美術館に対して、実験的な芸術の発表の場として倉庫や廃ビルをリノベーションした形で登場し、飲食スペースを併設するなど、日常的な交流の場として機能する特徴を持つこともあった。

先駆的な事例として、世界的には、一九世紀に建設されたロマネスクリバイバル公立学校をリノベーションしたアメリカ最初の現代美術のための非営利アートセンターとして知られる一九七〇年代の米・ニューヨークの「PS1（現MoMA PS1）」（一九七一―）がある。

国内では、廻米問屋であった一九二七年築の「食糧ビル」をリノベーションし、美術だけでなく、ファッション、建築、デザインなどジャンルの垣根を超えた発表の場とした小池一子（一九三六―）による「佐賀町エキジビットスペース」（一九八三―二〇〇〇）、キース・ヘリングやジャン＝ミシェル・バスキアが訪れた、原宿の一九六四年築のマンションの地下を活用した日本初のクラブとして知られる桑原茂一らによる「ピテカントロプス・エレクトス（ピテカン）」[8]（一九八〇年代前半）などがある。

設置の形態や運営方法、規模は様々だが、美術館や商業的なギャラリーのオルタナティブとして自立的に出現したこうした空間では、美術作品の展示に限らず、ダンスや演劇などのパフォーマンスや実験的な表現活動も行われ、しばしばアーティストたちの拠点となり、情報交換や交流の場所として醸成されていった。

2　都市・地域に向き合ってきたアーティスト、キュレーターたち

アートを媒介にして都市や住民のコミュニティに変化をもたらす人々＝アート的アーバニストには、大きく分けてふたつのタイプがいると考えられる。

ひとつは、自らの意思でアートを企画・制作しそのプロセスで地域や住民と関わった結果、比較的限られた地域のコミュニティや経済活動に波及効果をもつタイプ。個々のアーティスト、クリエイターが代表格だ。

もうひとつは、多くの場合は行政、民間企業などからの依頼を機に、企画やコンセプトを考えるところからはじまり、あるときは地域住民を巻き込みつつ、またあるときは遊休不動産を活用するなどして、複数のアーティストなどを束ねて広範囲での展示を行い、地域コミュニティや経済活動を活性化させるタイプ。活動の舞台は、地域のアートフェスティバルのみならず、一定区画の再開発事業や施設の公開空地活用などのケースもある。彼らのまちへの働きかけ方は、キュレーターあるいはディレクターといった様相である。

いずれのタイプにおいても、地域を舞台に自らの活動を展開するだけでなく、個々の住民の意識を都市・まちに向け、アーバニストとして目覚めさせるといった役割も果たしている。ここでは、アーティストやキュレーターたちの都市への関わり方の中に、一つのアーバニスト像の萌芽を見ていくことにしたい。

取り上げるのは、都市に対して積極的に発言し、関与してきたアーティスト、キュレーターとその活動である。なお本章では、キュレーターを専門職員としての学芸員に限定せず、ディレクションを執り、広範な仕事内容と権限をもつ姿を念頭に置き、通常、ディレクターと呼ばれるような人々も含めて、広義に捉える。

†地域の文脈や地域の人々との対話

国内外合わせて五〇以上のアートプロジェクトを手掛けてきた川俣正（一九五三―）は、「ワーク・イン・プログレス」という一連のプロジェクトやインスタレーション手法から、たびたび都市や地域といった文脈で語られてきたアーティストである。その手法は「完成に向かうというより、プロセスそのものが作品」という発想のもとで、場所に帰属するあるいは置かれる場所の特性を活かすインスタレーション制作である。そして、その制作プロセスなどを通じて、住民やまちと関わる。

川俣の九〇年代の代表的なプロジェクトのひとつに、「コールマイン田川」（一九九六―二〇〇六）がある。石炭産業の中心地であった炭鉱の町で、長い時間をかけ、実際の居住者や炭鉱に携わっていた人々を交え、一つの造形物を共同で組み立てるプロジェクトを計画した。計画の構想時点から最終的な作品としての姿は想定されていない。

川俣が地域に臨む姿勢は、地域の文脈と地元の人々との対話に他ならず、その過程が作品の方向性を形作っていくのである。川俣は、このプロジェクトに限らず行く先々でそれぞれのまちの歴史性や人々の生活習慣など文化的な特徴について、現地での共同作業を通じて知っていくのである。

この塔は、より高くより美しくということを目的にしているのではなく、組み立て作業を通じて、この町の人々とコミュニケーションを取り、共同でひとつのものを作るということを目的としている。そのためにスケールや形はその都度話し合いから生まれ、変化していくものと考えている。それは共同作業として、そしていわゆる土木作業のようなスタイルで進められるだろう。[9]

そして、パブリックな空間での制作は住民などとの偶発的な出会いを生み、社会的なコンテキストはアーティストのパーソナルな考えの中で消化され、作品は都市から引き出される。完成はその出会いにゆだねられることが示唆されている。

†状況をつくるOS

そのときどきのプロジェクトのなかでいろいろな人たちとたまたまかかわったり、出会ったり、まったく偶然に出会してたりすることから、それらの人たちがあらためて自分の中でこれらのプロジェクトに対して意識しはじめる。(中略)少なくとも、それ以上にもそれ以下にも、つくる側が想定すべきことではないと思う。なぜなら、すでに表現の場をパブリックな場として選んでいるからである。[10]

藤浩志（一九六〇―）は、青年海外協力隊や土地開発、都市計画コンサルとしての職歴もあり、「地域・協力関係・適正技術」をベースとした表現を模索してきたアーティストである。藤もまた、地域社会に対する姿勢は、川俣と同じく、その文脈、対話を重視したものである。しかし、さまざまな参加者が自発的に表現を展開できる〝状況をつくる行為そのもの〟をアート活動とするという藤の「OS（オペレーションシステム）作品」には、アート由来のリテラシーの広がりを見て取れる。

作品発表も、ワークショップやインスタレーションだけでなく、出版やカフェの経営など様々な活動を通じて行ってきた。藤は、アートを「社会的に価値を認められていない存在（あるいは意識）を、価値ある存在として立ち上げるテクニック」[11]として捉えなおし、地域社会と関わりながら関係性を構築し、新しい価値を作り上げてゆくプロセスを重視するやり方を探究してきた。

藤のOS作品では、自身のイメージで作品や空間を完成させるのではなく、地域住民や参加者が自発的に表現を展開できる状況を作り、地域の表現活動が発生し育っていく過程に焦点を当てるのである。こうしたアート活動を含む文化が都市をつくるプラットフォームになり得ることも示唆している。

人や地域が生き延びるために創造力や行動力が必要で、だれもが作り出す力を持つことが重要となる。その中から芸術とよばれるあり方が生まれその総体が文化となる。それこそが都市を形成するOSとなるのではないか。[12]

藤はこのような考え方で都市を捉え、アートを「新しい価値を見出すテクニック」として用いて、地域で活動の発生を刺激し、それを表現するデモンストレーションのシステムを構築するような活動を展開してきた。藤が持つリテラシーは、都市の中にシステムを植え付ける操作なのである。近年のまちづくりが求めてきたものと同じ構図を持つといえよう。

†オルタナティブ・スペースの創出

先に言及したように、美術館でもなく商業画廊でもない、第三の場としてのオルタナティブ・スペースこそ、アートプロジェクトが生み出した、アートと都市、地域の多様な接点となる重要な場所であった。

日本において、一九八〇年代にアーティストの都市へのコミットに繋がるような場づくりにいち早く取り組んだのは、クリエイティブディレクターの小池一子であった。小池は一九七六年に西武美術館のアソシエート・キュレーターに就任して以降、数多くの展覧会のディレクション、キュレーションに携わってきた。二〇一六―二〇年には十和田市現代美術館館長も務めた。

小池が生み出したオルタナティブ・スペースの代表例は、一九二七年築の「食糧ビル」を活用した「佐賀町エキジビット・スペース」だ。小池は一九六〇年代のイギリスで盛り上がった「スウィンギング・ロンドン」、それに続く一九七〇年代の「オルタナティブ・ロンドン」の考え方に影響を受け、ともに仕事をしてきた仲間たちと一緒に場づくりを進めていく。

その場というのは、企画、新しいアーティストとのネットワークをつくるというようなことを第一にする、これは〝現代美術の仕事〟というふうに言い換えてもいいと思いますが、その現代美術のギャラリーをつくる。[13]

日本の都市や町村にはたくさんの「場」が残されているのが見える。アート活動によってそれらの場が生き返る可能性は高い。[14]

小池は一九八三年から二〇〇〇年まで、このオルタナティブスペースを主宰した。小池は全国にこうしたオルタナティブ・スペースとしての可能性をもつ「場」が点在していること、それらの場が交流する可能性までにも言及している。ここには、人のふるまいが場の外にも滲み出し、周辺地域をはじめ広範囲に影響を与えるというビジョンがある。

†変化の起爆剤

川俣が示した地域の文脈や地域の人々との対話という姿勢に対して、そもそもアートは地域にとって違和感を与えるものであるという地点から活動を展開してきたのが、アートプロジェクトのディレクターの代表格である北川フラムである。北川は「大地の芸術祭　越後妻有アートトリエンナーレ」(二〇〇〇—)、「瀬戸内国際芸術祭」(二〇一〇—)をはじめとする三〇超のアートフェスティバルのほか、前述の「ファーレ立川」などの再開発事業の一環としてのパブリック・アートの設置にもアートディレクターとして関わってきた。

アートディレクターとは、美術表現や芸術表現を使い総合演出を手がける職務を指す。北川は自身の手掛けるアートフェスティバルの目的の一つにまちづくりを積極的に掲げているが、その理由として彼はアートを投入した時の住民に与える違和感(刺激)、そこから始まる土地の持つ魅力への気づき、アーティストとの協働を機とする住民の活性化、場の集客力向上という地域にもたらす変化を挙げている。ヨソモノの視点や、新たに持ち込むアートなどを、地域やコミュニティの変化の起爆剤として捉えている。

アートと一言挙げた瞬間に起きる大反対の合唱が、その反対を梃子にしさえすれば、実に地域の歴史、コミュニティ、文化を考えるキッカケになるからだ。[15]

しかし、違和感、大反対の先で、北川が登用するアーティストが創作するのは、場所の特性を活かすサイトスペシフィックなアートだ。地域特有の環境や生活、歴史的、政治的、文化的な要素が盛り込まれたアートが場所に投入されることで、それらの要素が魅力として住民や来場者に意識化される。アーティストが現地に滞在し、住民と交流しながら制作や設置を行うという作品特性も、住民の気づきに寄与するだろう。

こうして地域の生活、風景という貴重な財産を寿ぎ明らかにするためにアーティストが、そのための仕掛けをつくる。[16]

藤は、地域の自発的な表現を可能とするプラットフォーム、状況を生み出すリテラシーを重視した。それを具体のまちづくりのプロジェクトとして、よりフォーマルな形で、地域・行政・企業・大学などとの連携によるコミュニティの創成、地域再生へと展開させているのが、キュレーターの山野真悟（一九五〇―）である。

†まちづくりに関わる多様な主体の連携

まちとアートを主なテーマとして、アートプロジェクトやワークショップなどを実践してきた。「ミュージアム・シティ・天神（のちミュージアム・シティ・福岡）」（一九九〇―）のプロデュースで知られるほか、二〇〇八年より「黄金町バザール」ディレクター、翌二〇〇九年より黄金町エリアマネジメントセンター事務局長を務める。

「ミュージアム・シティ・天神」は市民を巻き込むごく初期のアートプロジェクトであり、アート関係者のほか企業、行政も含む組織によって企画された。「アジア太平洋博覧会福岡'89」を機とした高速道路整備などの再開発、大型商業施設の建設ラッシュから急速に景観・文化の変容が進むなかで、都市の中でアートがどこまで流通するかという実験として始まった。

第一回の九〇年には天神地区の商業施設や公共空間で、日本人作家を中心に五三組のアーティストが展示を実施、九八年には市民参加型の企画やワークショップなども展開。都市や市民との繋がりを強く意識した内容へと変化していった。

主体となるのは美術でも都市でもなく、歩行者＝都市生活者＝市民だからである。[17]

かつて違法風俗店舗が林立した、神奈川に位置する初黄・日ノ出町エリアでは、地域、行政、警察、大学、企業、アーティストと連携しアートによるまちづくりを継続している。活動はイベントに留まらず、取り組むべき地域の課題も強く意識している。

コミュニティーから隔離されていた歴史があるこの街を、アートを通して他の地区と再び融合できないか考えてきた。[18]

山野の取り組みは、常に都市空間の中でのアートが意識されているのみならず、一つの地域に根ざした継続した活動によって、広い連繋を可能としている。これは、時にフィジカルプランナーやスキルを持った都市の専門家と同様のリテラシーをアート側から発揮しているのである。

†パブリックスペースから町の中のすべてへ

アーティストたち自身による比較的プライベートな性格のオルタナティブ・スペースと並んで、アートと都市、地域との接点となってきた都市空間は、パブリックスペースであった。

南條史生は、ヴェネツィア・ビエンナーレ日本館コミッショナー（一九九七）、横浜トリエンナーレ2001（第一回）アーティスティックディレクターをはじめ、多数の国際的な展覧会の舞台でディレクションを行ってきた世界を代表するキュレーターの一人で、国内においては屈指の集客力を誇る森美術館にて副館長、館長を務めた。

その一方で、南條は、一九九〇年代以降、再開発地区や商業ビルにおけるパブリック・アートの設置にも多数、関わってきた。代表的なものとして、「新宿アイランドアート計画」（一九九五）、横浜市上大岡駅周辺再開発「ゆめおおかアートプロジェクト」（一九九七）が挙げられるが、どちらに設置した作品群もアーティストに開発意図や建物の性格を理解してもらったうえでの、提案に基づくコミッションワークであった。すでにアトリエで完成させた作品を持ってくるのではなく、地域の姿に対応できる柔軟な作家を選定し、都市空間を構成するというディレクション方針がとられた。

建築やデザインを含め広い意味でのアートと社会の、何らかの新しいビジョンが、都市づくりにいま求められている。[19]

再開発におけるパブリック・アートは一九九〇年代半ば以降に広く普及していくが、南條は、消費文化の隆盛などを背景に一九八〇年代後半頃からアートと社会の近接による都市づくりの構想をしていた。南條は、再開発や美術館という都市空間とアートの連携する場所から、都市のビジョンを考え、そこに暮らす人々のライフスタイルや価値観を探求し、結果として、アートがパブリックに開かれた場所を生み出してきた。

一方で、ニューヨークの「PS1（現MoMA PS1）」のプログラムへの参加（二〇〇〇―〇一）、台湾やパリでの展示経験も持つアーティストとしての経歴を持つ山出淳也（一九七〇―）の仕事にも言及しておきたい。山出が二〇〇五年に立ち上げたBEPPU PROJECTである。当初は現代美術を別府に紹介するという考えから始まったが、次第に別府という地域で活動していくことを意識しはじめ、二〇〇九年からは「混浴温泉世界」（二〇一五年までトリエンナーレ形式）を開催するまでに至った。

山出は、「社会におけるアートという新しい価値観や価値そのものを紹介していくことが最大のミッション」[20]という方向性を掲げつつも、「アート自体に価値があるというより、それによって心が動かされ、社会や地域への向き合い方を改めて見直すことが大事なのだと思います」[21]とあるように、必ずしもまちづくりのためにアートを使っているわけではなく、決められた視点や固定されたものを取り除くものとしてアート的な視点を重視している。

BEPPU PROJECTは、上述の現代美術の普及や芸術祭の開催だけでなく、人材育成、地域情報の発信や商品開発などさまざまな領域で大分県を中心に一〇〇〇を超える事業を実践しており、「多様な価値が共存する魅力ある社会の実現」に向けて精力的に活動している。アートを通じた活動をきっかけとしながらも、まちに関わるような広範な事業を展開し、「自分たちが住みたい町」や生活の実現を実践している。

自分がどういう関係性や場の中で、どういうものと出会い、何を考え、どう接続していくのかが自分の仕事だと思ってきました。そこから何らかの形なり仕組みを作って残していくことは、人の意識や考え方にコミットしていくことであり、それこそが自分の仕事だと思えるようになったんです。ですから、別に美術館でなくとも、町の中のどこでもいい、全て自分の職場なんだ、とすごく楽に思うことができたんです。[22]

この言葉を、日々の生き方、それを生活と呼ぶとすると、生活そのものがアートの仕事となり、生活の場である町の中のどこでもが、つまり町のすべてがアーティスト、キュレーターの仕事の場であり、彼、彼女らが生み出す場となる、と解してよいだろうか。

3　草の根アーバニズム

ここまで、著名アーティスト／キュレーターの過去に残したテキストを中心に、アートプロジェクトの実践を行う中での彼／彼女らの都市・地域と向き合う姿勢、リテラシー、場所のありようを見てきた。対話や刺激、プラットフォームや連携、オルタナティブスペースからパブリックスペース、そして生活の舞台としての町全体といったキーワードの中に、アートから発するアーバニスト像が垣間見られた。しかし、都市の生活者かつアーティスト、キュレーターとしてのリアルな関係にはまだ迫れていない。

後半では、二〇二一年現在、都市を舞台として活躍する若手のキュレーター青木彬と、アーティストでありSIDE CORE のディレクターとしても活動する松下徹の対談を通じて、そのリアルに迫っていきたい。

彼らはいずれも、バブル経済の余波が続く一九九〇年代以降の大規模なアートプロジェクトとは意識的に一線を画し、自身の目が届く規模の対象地で、歴史的文脈を手掛かりに、住民や観客とともに草の根的にアートプロジェクトを立ち上げ地域の課題解決に取り組む姿勢をもつ。現世代のリアルなアーバニストとしての姿を探った。

†地域の文脈に向き合い、課題を探る

――都市をどのように捉えていらっしゃいますか。

松下　単純に都市って生きる環境じゃないですか。法や権力、それらを含む情報などさまざまなものが集約されるわけですよね。

本当はカオスであるべきだと思うんですよ。簡単に言うと。でもやっぱり再開発とか都市計画っていうのは、それを制度設計してしまうんですよね。

日本は戦後、最初、闇市とかバラックから始まったんでそもそも有機的だった。経済成長の中で、それらが画一化された都市みたいなもの、ができていったのでは。

――現在、取り組んでいる活動をご紹介ください。

青木彬

松下徹

青木　二〇一八年ごろから、主に墨田区を拠点にアートプロジェクトの開催や空き家を活用したギャラリーの展開など、様々な活動に取り組んでいます。墨田区は、アーティスト、クリエイターが住み、空き家などを活用してアトリエやギャラリー、お店を持つなどの活動をするなど、草の根的なアートプロジェクトが三〇年ほど続いているところ。アーティストなどがさらに新しい人を呼び込むような感じで継続しているんですね。なぜそんな雰囲気が生まれ続けるのか、地域の文化資源を活用しながら、まちに関わるための新たな学びを得ています。実は、単純に木造の家屋が密集しているので、リノベーションしやすい、手を加えやすいというハードの環境が、住む人同士の近さのようなソフトの部分に影響して、そういうまちの特性のようなものが生まれているのかもしれませんね。

二〇二〇年には自らの活動の中で大きな気づきがありました。二〇一八年から自身がディレクターを務める「ファンタジア！ファンタジア！―生き方がかたちになったまち―」（主催：東京都、公益財団法人東京都歴史文化財団アーツカウンシル東京、一般社団法人藝と）のプログラムとして開催した、アーティスト集団「オル太」による展覧会「超衆芸術スタンドプレー　夜明けから夜明けまで」で、この地域の関東大震災のときに起こった様々な歴史に向き合ったんです。地元の文化活動を長く見ている人たちからも、これを作品化してくれて良かったという反応が。

今まで三〇年ぐらいアートプロジェクトというのがあったとはいえ、地元の人にとっても、それは新しい機会だったのかもしれません。地域に関わる際の、歴史的な文脈と向き合う重要性を再認識した気がします。

――文脈に向き合うプログラムを開催した結果、地域にも何らかの変化は起こると？

青木　（この地域を例にとると）マンションの建設ラッシュや計画道路の拡張、大学の新設などを含めて再開発が進み風景が変わっています。一方で古い木造長屋は残っていたりする。

そういった背景で、住民にはさまざまな思惑があるでしょう。開発自体は止められないような気もするし、個人的には止まらなきゃいけないものでもないと思っている。変わっ

図 6-2　遊休不動産を活用したプロジェクト「たまのニューテンポ」（2020 〜、多摩ニュータウン　キュレーター：青木彬）　撮影：コムラマイ

図 6-3　オル太による「超衆芸術スタンドプレー 夜明けから夜明けまで」　撮影：縣健司

ていくなら、むしろ面白いほうに変えられる可能性はあるわけじゃないですか。何かしらそこに投げかけることはできるかなと。

――松下さんはいかがですか。

松下　最近、ストリートアートもしくはグラフィティに対するリサーチを行いながら、ストリートアートの作品制作や展覧会などを含め、さまざまなアートプロジェクトを推進しています。簡単に言うと、たとえば壁画を描くことや、合法違法問わず公共空間に作品を設置すること。

昨今のアートプロジェクトには、国際芸術センター青森での、「SIDECORE presents EVERYDAY HOLIDAY SQUAD 個展 under pressure」（二〇二一）という展覧会、自分たちでスタジオを開拓してその地域の文化資源を利用するアートのイベント「鉄工島フェス」（二〇一七―）があります。基本的には、場所ありきで何でもやる。ストリートアートって壁があって絵を描くじゃないですか。場所がないと何もできないんですよ。

しかしながら、最近けっこう東京から離れて活動することが多くなっています。それは東京でストリートアートもしくはグラフィティについて考えるのが難しくなってしまった

図6-4　青森で開催した「SIDECORE presents EVERYDAY HOLIDAY SQUAD 個展 under pressure」（2021、ディレクター：SIDE CORE）

から。東京の中で、何か行動を起こすことに対するハードルが上がっている。

理由はふたつ。ひとつめは法整備と制度設計の問題です。今、ジェントリフィケーションが進んでいて（公共空間や路上で非公式に行われる）ストリートアートもしくはグラフィティは基本的にグレーゾーンにあるといいますか、違法のケースが少なくありません。つまり、まちの中に「余白」がないと行うことはできないんですよね。

たとえば、九〇年代から横浜の旧東横線高架下の横浜駅から桜木町駅の間に、有名なグラフィティの壁がありまして。九〇年代は壁に絵を描くことに対して、もしくは土地の所有者が絵を描かれたことに対して立件するケースとか、それが社会悪だっていう社会認識が低かった。

——余白、とは？

松下　余白というのは、ある種カオスとかノイズと表現できるのではないでしょうか。戦後の都市設計は闇市などから始まったりしてるからカオスなんですよね。九〇年代の東京のストリートカルチャーは、再開発される都市の中で、ある意味戦後の都市の持っていたカオスな部分みたいなものを、明るみにしたり発掘していく作業をしていたんじゃないかな。スキャニングして、そこをピックアップして。

要するに、まちで落書きできる壁って、所有者が怒らない壁なんですよ。時代の中で、なあなあになっていた場所が、そこで表面化してくるんですよね。そこには都市のノイズが感じられる。

青木　一方で、今の都市計画的な余白って、それこそ広場とか何でもできる空間のようなものを用意しがちですね。それは余白ではなくて、たぶん空白になるだけな気がします。それより、偏った圧倒的な思想でもいいんですけど、何かはあったほうがいい。そのほうが、さっき言ってたようにノイズが生まれたりするのではないでしょうか。透明性が高い、何でもできる広場のようになると、手のつけようがなくなってしまう。

松下　何もないよりは何かあったほうがいい。取っ掛かりやすいといえば取っ掛かりやすいんですよね。

――もうひとつの理由は？

松下　ストリートアート自体が経済に取り込まれ始めたこと。たとえば都市計画の中でストリートアートを使おうという話が聞かれるようになりました。

ある意味、制度側がそれをシステムとして利用するということが起こり始めたんですよね。スニーカーのデザインやってもらおうとか、宮下公園に絵を描いてもらいましょうとか。

そうなってくると、経済活動を目的にして始まってないものが経済活動化していくと、やっぱり文化としては衰退してしまうんですよね。ジェントリフィケーションに関係する企画に関わりたくはないですしね。

何か新しいものを作ろうとしたときに、その時点でそのときの法律か制度にならって何か物を作ってしまうと、そこはもう余白がないようにデザインされる。

特に不動産は、たとえば都市を考えるうえで価値を持ち過ぎてしまってるので、その中で余白を作れなくなるんですよね。昔の適当な部分がないというか。そうなると、フィジカルに都市に関わっていく文化みたいなのは入り込みづらいと思うんですよ。

ストリートカルチャーみたいな、経済とか文化とかの仕組みから生まれてこないものは、自己発生しづらいですよね。何か文化が生まれてくること自体も制度設計できるんじゃないかって、今、都市設計してる人たちは思っているでしょう。でも違う。人が集まれる場は人が決めるわけだから、場が準備されるだけでは集まらないわけじゃないですか。

――東京の中で、渋谷には関わり続けていますね。

松下　僕の作品に関わるストリートカルチャーの文脈は、戦後にワシントンハイツがあったころの渋谷から始まったのではないかと思っています。自分にとってはやっぱり場所が持っている（ストリートカルチャーの）歴史的な意味とか、文脈みたいなものが重要で。渋谷はそれがあるからなんとなく地場が強くて離れられないんだと思うんですよね。

いい表現や面白いことは理由があると思っています、個人的には。やっぱり、直感的なものじゃなくて文脈、つまりは価値観の積み上げの上にあるんですよね。

†身体を使って都市の文脈を読み取る

――「スキャニング」「フィジカルに関わる」とはどういったアクションですか。

松下　「スキャニングする」という言葉を使うのは、たとえば、グラフィティのアーティスト。自分の身体で、まちの構造とか場所をどんどん体験していく陣取りゲームみたいな感じですね。

グラフィティの人は、何回も何回も同じ場所を歩いて、それで何回も何回も同じ場所にステッカーを貼っていったりします。そのように自分の中でまちのジオメトリーといいますか環境みたいなものを内面化するんです。あと、行動すること。その場所に痕跡を残すとか、公共的にその設計されたものに個人のあとをつけるような。

青木　ストリートアートではそういうアーティストたちの身体性が面白い。それはある種の教養ではないですが、まちに関わる人たちは持っていていいと思う視点ですね。

松下　まちの隠れたルールや、その場所の文脈みたいなものを読み取ることなんですよね、まちにフィジカルに関わることは。

——青木さんはキュレーターという肩書ですが、地域を舞台にしたアートプロジェクトの際、まちや住民にどのようにコミットしていますか。

青木　キュレーターという肩書やポジションは、何をやっている人か多分わからないでしょう。僕はまちに暮らしている人だったり、まちづくりに関わってる人としてまちにコミットしたほうが、受け入れてもらいやすいように思います。

そのようなスタンスで入りながら、キュレーションという技術を使っている、そういう感じに近いのではないでしょうか。まず、具体的なプログラムなどをつくってから、地域の方々にやりたいことを話した方が伝わりやすいと思います。

——松下さんはアーティストとして、どのように地域に介入していきますか。

松下　何のきっかけもなければ地域の人とは出会わないですよね。他者として地域に入って何かをお願いするようなところから始まっていくんですよね。

で 今から こいつが
飛んでいってしまうんですけど
SIDE CORE《MIDNIGHT WALK tour / TOKYO 2020》より、アーティストの石毛健太

図 6-5　身体で都市を感じるプログラム「SIDE CORE MIDNIGHT WALK tour/TOKYO 2020」（2020 〜、ディレクター：SIDE CORE）

だから、とりあえず観光の視点から入る。本当に、完璧なる他者としてそこに居続けて。そこで何かしようとしたときに、初めて関係性をつくり始めますね。関係性から作り始めようとはしません。まず単純に面白いものを探そうっていう観光の視点から入っていって、そこで何かを見つけられれば、作品が生まれてくる。実際、面白いものを探せなくて何もできなかった企画もある。その面白い「何か」に迫っていく過程で人との関わりが生まれてくるんですよね。

――地域の方々とはどのようにコミュニケーションを。

松下　観光客として行って、それが果たして当たってるかわからないけど、外部的な視点で何らか行動を起こしたところに、地域の方々が関わってくる。そのとき初めてその土地の文脈と結びつき始める。

一旦、目的を持って関わるんですけど、その目的が達成されるかはわからない。どんどん関係性を開拓していくっていうところですよね。

——松下さんがプロジェクトの対象とするような、興味を惹かれる、気になる場所の共通点は？

松下　やはり、ある種のノイズがある場所ですね。日にさらされてないところ、これも余白ですよね。

たとえば、今僕たちがやっているのは、青森県の青函トンネルに対するリサーチです。僕らが暮らしている東京からは遠い場所ですが、でも交通という視点で見れば繋がっている。また青函トンネルが作られた社会背景、東北が近代化していった歴史など知れば知るほど、私達が暮らす都市と深い関係がある。

つまり、場所の文脈を掘っていけばそこには東京に暮らしている私達と切っても切り離せない歴史を掘り当てることになるんです。そういう視点に興味があります。

——まちに関わるときに、根底にあるスキルは地域の文脈の読み解き方なのですね。これはどこにでも共通するものなのか、あるいはもっと複雑に応用していくのでしょうか。

松下　そこはもう崩れないかな。観光と言いましたが、都市のストリートカルチャーの視点みたいなものを外部に持っていって、その場所を見るというのは決めているんです。文脈を発見する視点はもう、（僕にとって）ストリートカルチャーに紐づいてるから。

例えば青森の展示の場合は青函トンネルでしたが、それは土木へのストリートカルチャーの視点での興味です。実際青森に美術館が多くあるものの、僕らが展示をする国際芸術センター青森（ACAC）の過去の展覧会でも、青函トンネルに関するリサーチをした例はありませんでした。

†その地域の特性を見極めてキュレーションを

——青木さんには関わるまちを決める基準はありますか。

青木　選ぶ基準はそんなにありません。自分から地域に入ったのをきっかけに声をかけられてまちに関わるようになったり、今までは全然関わりがないまちから声をかけられて関わり始めることもあります。

そう考えると、オファーの内容にもよりますが、関われないまちは基本的にないですね。僕にとっては何かしら面白い、それこそ地域に（歴史の）文脈さえみつけていけばいい。


――青木さんはまちにはどのような流れで関わっていますか。


青木　最近はまちとの関わりを長期的に考えることが多くなりました。一旦展覧会を開催しても、それだけで終わらないケースもあります。

たとえば、そのまちが抱えてる課題がもっと見えて、僕がそれを単発のイベントを次々に通して消化していってもきりがないような場合。それについてどのようにその町がアートと関わるか、それこそどのように仕組みとして作っていくのがいいか、まちの住民と一緒に時間をかけて考えるようになっています。

多分、まちの文脈の読み解きが、フィジカルな視点ではなくて、まちのシステムや政治というとちょっと違うと思いますが、そのまちの成り立ちみたいな部分……今まちに関わっている関係者の相関図のようなものも含め念頭に置いて、そういう中でどういうことをやっていいのか。目に見えない、そういう文脈と向き合っています。

――まちに関わるプロジェクトに協力を依頼するアーティストなどの決め手は。

青木　ピンポイントに近いですね、そこがキュレーションといってもいい。展覧会でテーマに合わせてどういうアーティストを入れたら、その展覧会が一二〇パーセントの展示になるか。

まちの中で展示するときに、美術館やギャラリーみたいに自分なりの文脈を自在に成立させられることはほぼほぼできないので、アーティストの選択はとても重要です。地域にはいろんな関係性が複雑にあり、その関係性の中でどういうアーティストやクリエイターと一緒にやれば効果的に展覧会あるいは作品が作れるか考えてマッチングしているかもしれません。

――うまくいったと思えるアートプロジェクトは、そのマッチングが成功しているのですね。

青木　そうですね。中には、アーティストと地域との関わり方を工夫したケースもあります。展覧会であるとか作品を作ってほしいとは言わず、特に一年目は、「アウトプットを求めないから、ただこのまちでとにかくぶらぶらしてほしい」と依頼しました。

だから、彼らは飲み屋街を歩いたり、まちで飲んでそこで人の話を聞いたりとか、面白い建物をみつけたりなどをずっと繰り返していました。そうして、ただただまちに佇んで、歴史に触れていったと記憶しています。

そのように依頼した理由は、あらかじめ「作品を作ってほしい」と言ってしまうと、彼らは最初から課題のリサーチを意識してまちに入っていく。経験あるアーティストなら、それなりに課題を見つけ綺麗に作品をまとめてしまいます。かっこいい造形物を作って展示して終わりになっては意味がありません。

松下　難しいですよね。当初から、その場所に貢献するための作品を作るというイメージだと、全然うまくいかないんですよね。やっぱりアーティストが何か興味あることと、その人の視点でみつけたその場所の文脈とが混じり合うと、おもしろいものができると思うんです。

――地域でのアートプロジェクトは、どこが終焉といえるのでしょう？

松下　僕らの視点では、その地域の固有性を主張するテーマからプロジェクトが離れていったところが完成だと考えています。そうなると何が起こるのかというと、他の地域との関連性と関係性が見えてくると思うんです。これを個人的には「風景が繋がって見える」と表現しています。

例えば、北川フラムさんが牽引する地域アートプロジェクトはどれも似たものに見えますよね。それが悪いわけではなく、それが北川さんという人の表現したいことなわけです。具体的には都市化による地域経済の衰退、またそれに対する行政の対応の遅れを、アートと観光を結びつけて取り戻そうという考えです。結果、彼の出身地で始めたプロジェクトがその地域だけで完結せず、他の地域にも広がっていったんですね。これは、他の地域でも同じ問題を抱えていて、北川さんのプロジェクトによって表面化された結果、「風景が繋がった」と考えています。

しかし、もうこのモデルは完成をむかえている。もし新規で地域アートプロジェクトに興味がある人がいるなら、北川さんと異なるビジョンを持つところからスタートする必要があると思います。

――都市の中に組み込まれたアートは、他にどのような意味を？

青木　多分、都市計画と、アートプロジェクトあるいは作品の時間軸は全然違いますね。都市計画のほうが長期に及ぶので結果、作品も五〇年、一〇〇年みたいなスパンで残る可能性がある。

一方で作品（アート）は、美術館で所蔵されたり、何か記録されて歴史が紡がれていて、そのスパンを超えることもある。逆にいうと、作品がないと、忘れられてしまう活動も少なからずあるのではないでしょうか。形の有無にとらわれず、多様な価値観の中で、まちや人の記憶とどう関われるのか、それがアートの課題という考え方もできると思います。

4　アートを媒介に都市と住民をつなぐ

都市や地域は、アーティストたちの作品発表の場としての性格から、現在につながるアーティストやキュレーター自身が主体的に地域住民や参加者と関わり、地域の持つ文脈や地域の抱える問題と向き合う場へと変化してきた。明確な終わりを持たないこうした活動の実践者であるアーティスト、キュレーターの姿を追っていくなかで、彼／彼女がアートのプロフェッショナルとして関わることで、地域に潜む新しい価値を発見したり、既存のコミュニティを刺激したり、それが地域へと還元される過程が見られた。

都市を舞台に現在進行形で活躍する若手のキュレーターのインタビューからは、こうした90年代から続くアートプロジェクトの系譜では十分に確認することのできなかった、より都市を身体的・感覚的に楽しみ、生活との距離が近い活動に、アーバニスト像の片鱗を見ることができる。

アーティスト、キュレーターたちの取り組みは、必ずしも、耳障りのいい目的や言葉だけにとどまらない。都市問題が解決するべきものであったのに対して、むしろアートは、問題意識やそれを「どうにかしないといけない」という気持ちを根底とし、ネガティブな側面や矛盾すらも正面から捉えることを可能とする。

ジェイン・ジェイコブズが『アメリカ大都市の死と生』(新版、二〇一〇)の最後で「都市を組織立った複雑な問題」[23]として捉える必要性を論じているように、伝統的な計画的視座に基づいて都市を単純な問題へと分解し悩むことを回避するのではなく、アートを媒介としてますます複雑化する都市を複雑な形のまま捉えることを可能にし、むしろ悩むべき存在を作り出すのである。

まちづくりは、これまで課題を解決する取り組みとして注目されてきていたが、課題を見つけ出す力が求められる今こそ、アーティスト、キュレーターのアーバニストとしての輪郭が浮かび上がる。

【対談者プロフィール】

青木彬（あおき・あきら）

インディペンデントキュレーター／一般社団法人藝と代表理事。一九八九年、東京都生まれ。首都大学東京インダストリアルアートコース卒業。アートを「よりよく生きるための術」と捉え、アーティストや企業、自治体と協同して様々なアートプロジェクトを企画している。これまでに携わる主な企画に、ホテル内のギャラリーディレクションを担当する「GALLERY ROOM・A」（墨田区、二〇二一―）、ニュータウンの遊休不動産を活用する「たまのニューテンポ」（多摩市、二〇二〇―）、まちを学びの場に見立てる「ファンタジア！ファンタジア！―生き方がかたちになったまち―」（墨田区、二〇一八―）、社会的養護下にある子供たちとアーティストを繋ぐ「dear Me」（二〇一八―）、「黄金町バザール 2017–Double Façade 他者と出会うための複数の方法」（横浜市、二〇一七）などがある。これまでのキュレーションに、「逡巡のための風景」（京都芸術センター、二〇一九）、「NEWTOWN "Precious Situation"」（多摩ニュータウン、二〇一九）、「中島晴矢

個展　麻布逍遥」（SNOW Contemporary、二〇一七）などがある。共著に『素が出るワークショップ――人とまちへの視点を変える22のメソッド』（学芸出版、二〇二〇）がある。

松下徹（まつした・とおる）

アーティスト／SIDE COREディレクター。一九八四年神奈川県生まれ、東京藝術大学先端芸術専攻修了。身近な化学実験や工業生産の技術によって絵画作品を制作。塗料の科学変化を用いたペインティングなど、システムがオートマチックにつくり出す図柄を観測・操作・編集するプロセスにより絵画作品を制作。またグラフィティ等のストリートカルチャーに関する企画を行うアートチームSIDE COREのディレクターのひとりでもあり、国内外のストリートカルチャーに関する執筆をおこなっている。

SIDE CORE

二〇一二年、高須咲恵と松下徹が発足し活動を開始。「都市空間における表現の拡張」をテーマに、展覧会を多数開催。近年では、街全体を使った不定形の展覧会『MIDNIGHT WALK tour』を開催。アーティストとゲリラ的な作品を街に点在させ、既存の建築や壁画、グラフィティや街を巡る。また、都内のスタジオ兼多目的スペースの運営をおこなっている。これらの活動は、公共空間のルールを紐解き、その隙間に介入し、そして新しい行動を生み出していくための実践である。

第7章

アーバニストたちの都市へ

中島直人

1　現代のアーバニスト像

†計画者と生活者の汽水域

本書で論じてきたアーバニストは、都市生活者と専門家の汽水域において、都市に働きかける実践者であった。ただし、その交じりあいの領域は移ろうものである。

両者は現時点で水平に重なり合うだけでなく、時間軸上での関係を持つ。生活者としての都市経験が都市に関わる仕事や活動に影響を及ぼしているということは大いにあることだし、都市に関わる仕事や活動がその人の都市生活を変えていくこともある。前半の歴史編では、その様子を「都市計画の専門家」が生活に近づいていく矢印と「都市に住み、都会の生活を楽しんでいる人」が計画に近づいていく矢印という二つの移行過程として論じた。

誰しもが都市に対して、計画者と生活者という二つの立場で接する可能性を持っている。後者の生活者については異論がないだろう。都市を舞台として、自分の人生の時間を過ごしていれば、その人は都市の生活者である。では、前者の計画者というのは一体誰の、どのような立場のことだろうか。狭義で言えば「都市計画家」の立場ということになるが、ここではより広く捉えてみたい。

都市を計画するというのは、都市の現在や未来に信頼を寄せるポジティブな態度である。都市のあるべき姿を思い描きながら、その姿に近づけていくための行動を展開していく行為の総体が計画と言ってよいだろう。しかし、生活者もまたポジティブな態度で都市に関わっているであろうし、生活者の日常の思考や工夫の積み重ねが、それぞれの生きる環境を整え、生み出していっているというのも揺るぎない事実である。つまり、そもそも生活者も計画行為を行っている。

それでも、あえて、計画者と生活者とを分けてみる理由は、自分の行為と都市という環境との関係をどのように意識するか、その意識化の程度の意味を議論したいからである。

†ビジョンと行動という枠組み

端的に言えば、身のまわりの環境や都市に対する関わりを、ビジョンと行動という枠組みで意識的に捉えたとき、その人は計画者になるということである。都市やまちに対して抱く漠然とした期待が何らかのかたちで意識化され、表現されたものがビジョンということになる。自分自身の行動を説明するものとしてのビジョンというだけでなく、そのビジョンが新たな行動を導いていくこともあるし、行動が新たなビジョンを生み出していくこともある。

ビジョンというと大げさに聞こえるかも知れない。そして、そもそも自分の最大の関心は「今」であって、決して未来ではないし、未来のために「今」があるのではないと反発を感じるかも知れない。たしかに過去や未来より、「今」何をするのかが一番大事なことである。しかし、「今」を常にその「先」にあることとの関係の中で思考するのが人間の性《さが》でもある。ビジョンとは、その性を自覚したときに必ずその心に抱かれる思いのことなのである。

一方で、実際にとられる行動は、多様である。都市計画や建築に代表されるような都市空間への直接的な介入もあるが、それは行動の一領域に過ぎない。前半の歴史編では、とりわけ都市と自分たちとの間にあるメディアの創作やまちあるきの実践という行為にも着目し、アーバニストの源流の系譜をたどった。

後半、第4章から第6章にかけては、都市計画や建築など従来から都市づくりを専門としてきた分野から生まれてきたアーバニスト像に加えて、ビジネス由来とアート由来の行動に着目し、その行動の中からアーバニスト像を見出してきた。表に出てくる計画者としての行動に比して、その基盤となる生活者としての広範な行動は記述しきれなかったきらいはある。しかし、人間の行動原理の両極ともいえる、経済的動機と自己表現的動機からのアーバニストのありようを論じようと試みてきたのである。

アーバニストの行動は、どのようなものであれ、強制されたものではない。大事なことは、アーバニストは個人を指すということである。決して、組織や集団のことではない。第5章のビジネスについては、いったん法人としてのアーバニストを入口としたものの、やはりそのビジネスの現場をつくりあげる個人の中に、都市や地域への関わりの動機を見た。

個人としてのアーバニストの有する姿勢、リテラシー、場所は、それぞれの人生を反映した固有のストーリーによって語られるものであった。個人的な動機こそが、アーバニストを実践に向かわせていた。とはいえ、本書で紹介してきた人々には、何らかの共通性が感じられた。ここではその共通性として、①都市や地域に対する謙虚な姿勢、②関係性を生み出す柔軟なリテラシー、③開かれた場所の三点を指摘しておきたい。

†都市や地域に対する謙虚な姿勢

「新宿はオレを中心に回転している」「俺自身が街なのだ！」と、一九六〇年代から七〇年代にかけての新宿で威勢のよい言葉が発せられた。しかし、現代の個人としてのアーバニストにとって、自分自身はどう考えても都市や地域の中の小さな一粒の存在に過ぎない。自分をとりまく、あるいは自分自身もそれを構成する一員である都市や地域に対して、アーバニストは小ささの自覚を根底にもって関わりを持つ。都市の全体を統べるような全能感は持ち合わせていないし、尊大な態度はとらない。

アーバニストたちは、都市や地域に対して、例えば、「その空間が積み上げてきた時間、人、社会変化などを、丁寧に読み解いている」（第4章）、「地域の文脈や地域の人々との対話」（第6章）といった言及に代表されるように、眼の前にある都市や地域、そこでの様々な生活とその蓄積に対して極めて丁寧に、そして謙虚な姿勢で接している。都市や地域を楽しむアーバニストたちにとって、眼の前の都市や地域は尊敬や愛惜の対象であることが多いから、消費や刷新よりも、循環や持続を望む姿勢をとる。

このことは生活者の立場からは当然のことであろう。ただ、「都市の問題を把握し、解決する」ことへの使命感や自負に支えられてきた都市計画の専門家の視点を相対化するという点で、このアーバニストの謙虚さが強く効いてくるのである。また、アートはそもそも都市や地域に対して異質なものとしてあり、ビジネスも従来の生活や商売の変化といったリスク要因と見られることがあるからこそ、アーバニストは謙虚であるべきとも言えよう。しかし、そうした姿勢の先にあるビジョン、都市のありようへの想い、想像力はいかようにも広げられる。都市はそれぞれの思いの中において、自由に描かれる。

†関係性を生み出す柔軟なリテラシー

アーバニストたちが都市や地域に対して持つ関心や専門性、それらに根差した働きかけ方は様々である。ただし、多様な働きかけの中でも、地域に根付く人々との連携、状況に合わせたチームアップと多元的な活動展開、分野境界の乗り越え・融合（第4章）、マルチステークホルダーへの対応能力、規模や業種を超えた交流、プラットフォーム（第5章）、OS、プラットフォーム、多主体の連携（第6章）など、本書では様々に表現されてきた共通のリテラシー、基本的な素養が見出せる。

それは、都市や地域の多様な主体やものごとを関係づけることである。都市や地域で実践を行う際に自然と身に着けていくのは、交わりのリテラシーである。ここで問われるのは、アーバニストのリテラシーと専門性との関係である。

第一章でも言及したように、社会学者のアンソニー・ギデンズは、近代社会の特徴の一つとして、「専門家システム」の存在を指摘した。[1] アーバニストのリテラシーは、どうもこのような「専門家システム」が求める専門性、専門技術とは適合しない。都市政策研究者の大江守之が、家族・地域・社会の関係性に関する二一世紀の郊外協働モデルとして提唱していた「地域」＝「弱い専門システム」[2]の方がアーバニストへの当てはまりがよい。ただし、専門性を否定したり、わざと専門性を弱めることが大事と言いたいわけではない。むしろ専門性が弱いとしても、その弱さゆえに都市や地域の持つ多様な魅力や課題に柔らかく向き合える、人と人を緩やかにつなげていけることがあるということに注目したいのである。アーバニストたちのリテラシーは、効率や成果を求める高度な専門家同士のチームアップに限定されない。

そして、アーバニストの専門性そのものについても、意味するところはより柔軟に捉えるべきである。例えば、アメリカの都市計画研究者のマーク・チャイルズは、都市デザイナーの役割を書籍出版に準えて、著者＝デザイナーだけでなく、編集者、そして読者も含めて、一つの職能の領域として捉えるべきだと主張している。[3]アーバニストにおいても、都市空間に直接介入する専門家としての都市計画家や建築家に加えて、そうした専門家を編成する者、さらにはそうした専門家に関心を持つ者も加えて、専門性が成立していると見たほうがいい。

また、科学技術社会論のハリー・コリンズが「専門家コミュニティーの言語的会話に参加し、実践的活動への参加や意図的な貢献をしないままで、流暢に会話に参加できるようになったときに獲得される専門知」と定義した「対話的専門知」も、アーバニストの専門性や実践の意味するところの広がりを説明してくれる。[4] こと都市に関しては、従来的な専門家と生活者との間をつなぐ、汽水域に活躍する知の担い手が求められている。

†開かれた創造的な場所

アーバニストたちが生み出す場所、アーバニストたちによく出会う場所には、確実に共通の質がある。思いや意思が連鎖する場所、都市の新たな仕組みの起点となる場所（第4章）であり、面的ネットワーク、リアルな地域の拠点、根、種（第5章）、そして、オルタナティブスペースやパブリックスペース、町全体（第6章）といった言葉で記述されたのは、その場所が個々に完結しているのではなく、時間軸と空間軸の中で連鎖し、展開しているということである。

都市や地域での実践活動は、交わりのリテラシーのもとで、一見すると普遍的と思われる空間を、意味に満ちた固有の場所へと変えていく。かつて都市デザイン研究者のケヴィン・リンチは、名著『都市のイメージ』（一九六〇）において、人々と都市空間との結びつきについて議論し、イメージアビリティ（イメージしやすさ）という概念を提起した。この視覚的構造を前提としたイメージアビリティに加えて、アーバニストたちは自分と都市との関わりを意識化し、まずは自分にとって意味の豊かな都市へと磨き上げていくのだから、意味世界の豊かさの向上を目指して活動していると言える。

意味世界では都市空間は誰にでも開かれている。そして、アーバニストの行為も空間を閉じるのではなく、開く方向へ、人々の関わりしろを生み出す方向へと作用する。ビジネス由来の場合、その強みはビジネス基盤がアーバニズムのインフラとしても機能しうるという点にあったが、単にビジネスモデルとして流通、普及するということでは、本当の意味で関わりしろのある場所にはならないのである。

創造実践学を探究する井庭崇は、消費社会、情報社会の次に望むべき社会像を創造社会と呼んでいる。[5] 創造が人々の関心や生活における中心的関心となる時代のことである。そのような社会での創造の対象に身のまわりの環境、地域、都市が含まれると考えよう。創造という行為が都市空間と人とを強く結びつけ、意味の源泉となる。

また、デジタルファブリケーションを駆使した建築生産の民主化で先頭をいく建築家の秋吉浩気は、その目指すところを「生きること」と「つくること」が同じ次元にある環境とし、それを「自治感覚がある環境」と表現している。[6] アーバニストが追及している意味世界は、言い換えれば、完成のない常に未来に開かれた場、自分たちの手で創造していく余地を常に持つ場であり、それは創造社会における自治感覚が感じられる環境である。つまり、アーバニストは、創造社会におけるプレイスメイカーなのである。

2 アーバニストと都市のこれから

†都市が人を生み、人が都市を生むということ

では、個人の中で、どのようにして計画と生活との交じりあいが生み出されていくのだろうか。つまり、アーバニストはどのように生まれるのだろうか。都市計画家の西村幸夫は、「魅力的な都市には魅力的な人が住んでいる。魅力的な人が住んでいる都市は魅力的になる」と指摘している。たしかに魅力的な人が魅力的な地域や都市を選ぶということはあるし、魅力的な人が魅力的な都市を育てていくということもあるだろう。

西村はさらに「魅力的な都市では人々は無自覚ではいられない」とも書いている。[7] この指摘からは、人が都市の魅力を生み出すと同時に、都市の魅力が人々にも何らかの影響を及ぼしているという示唆が得られる。人は一方的に環境に影響を与えるのではなく、環境から影響を受けながら生きている。

本書でも紹介した都市計画家の石川栄耀は晩年、名都論を探究した。名都とは石川の造語で「都市美的によく出来ている都市」という意味だが、その条件として、美しい水、公

園・緑道、展望の丘、美しい建築といった物的要素に加えて、「歴史・教養・人心の何れかに関する市民感情が市中に流れている」を挙げた。石川は都市美と市民感情との関係について検討しようとした。[8]

人々の創造性の源の探求という文脈で、都市や地域の環境に着目した端緒は、文学研究者の奥野建男による『文学における原風景』(一九七二)であろう。奥野は自己形成空間として、作家の原風景に迫った。都市空間に関わる専門家たちも、この奥野の議論に触発されて、原風景を探究した。

造園学者の進士五十八は、「造園家自身の感性や想像力、発想力。その背景をなす自然観、風景観、環境観、さらにはその根底にある原風景、原体験の意味確認や自覚の必要性」を唱え、原風景の研究を展開した。[9] 一方、建築家の槇文彦は、「個人個人が持つ記憶の中で、幼少の頃に遭遇し培われたある種の空間体験が実は彼にとって良い〈まち〉あるいは住みにくい〈まち〉の評価を行うときに決定的な要因になるのではという仮説—人間とは、実は単に〈見る〉とか〈使う〉ということだけでなく、物的環境からある種の記憶を絶えず発見しようとしているのではないか[10]」と指摘し、その探究を進めた。

アーバニストにもこうした意味での原風景が存在すると考えてもよいだろう。アーバニストが生み出す開かれた創造的な場所での経験は、あるいはアーバニストたちの都市に対する謙虚な姿勢や人の交わりに関する柔軟なリテラシーに触れた経験は、いつしか原風景となって、次代のアーバニストを育てていく、そうした循環的で、持続的なプロセスが想定される。

建築家の大谷幸生は「若者が希望と挫折を繰り返しながら、苦闘と苦渋の中で自律への道を歩む期間こそ、人生の中で最も重要な時期である。その時代に、都市が、あるいは周囲の人びとが、その若者をどのように受け入れたかは、その人の記憶の中に強い印象として焼きついている。そして、この記憶は都市への思慕や関心、そして、それへの姿勢に転化するものである」[11]と、幼少期よりも青春・青年期の経験の重要性を指摘している。

アーバニストは魅力的な都市が生み出す。そのアーバニストは都市の魅力を生み出す。進士は先の原風景論の一つの結論として、「環境デザインの目標は、現在の風景を将来の大人たちの原風景となるような環境質に創っておくことである」と書いている。アーバニストの目標もまた、「将来のアーバニストを育むような環境質を創り出していくこと」と言い切ることができるだろう。

詩人の田村隆一は「人が都市をつくり、そして、その都市が人をつくる」と書いた。[12]都市や地域は個々のアーバニストの作品ではない。都市や地域は、アーバニストのみならず、そこで生きる多様な人の共同作品である。しかし、さらに原風景論の示唆を踏まえて、こう言い換えたい。アーバニストこそが都市や地域の作品である、つまり都市が人を生み、人が都市を生むのだと。

†アーバニストたちの都市へ

本書の冒頭で、都市再生という局面を迎えた現代において、旧来的な都市計画家よりも社会起業家やアーバニストの存在が必要であるという言説を紹介した。すでに一度出来上がり、生きられてきた都市と向き合い、そこに新しい活力をもたらすのは、専ら都市を「つくる」(ために「こわす」)ことを経験して来た専門家よりも、そこで暮らしを営み、その延長線上に創造的な場所を生み出すアーバニスト(社会起業家も含む)なのである。

近代都市計画の体制やそれが生み出してきた都市はしばしば、一極集中型や上意下達型、あるいはツリー構造だと言われ、その脆弱性が指摘されてきた。近年、国土形成やエネルギー、情報など、様々な分野において、従来の集中型ではなく自律分散型のモデルが目指されている。特に、地震や風水害などのリスクが顕在化した現代都市において、自律分散型の構造はレジリエンスの強化につながると指摘されている。

自治的環境を志向するアーバニストの活動は、自律分散的である。アーバニストは、それぞれの都市で、個々の動機や専門に基づいて、計画と生活の汽水域を遊泳し、互いに柔らかくチームアップし、都市を守り育て、都市に創造的で新しい価値を生み出していく。

アーバニストが数多く活躍する都市は、レジリエンスを備えた都市である。不確実性を増す現代社会において、都市は固定された目標や空間に固執するのではなく、その都度の状況に対応する柔軟さが求められる。自律分散的なアーバニストの存在がそうした対応を可能性を高めるだろう。

『シビックプライド』の監修者である伊藤香織は、「都市が人に誇り高い人生を「与える」だけでなく、そのように都市を自分自身と重ね合わせる人々のアイディアや技術などの資本が、都市にとっての財産なのである」と指摘している。[13] この指摘はアーバニストにも当てはまるだろう。アーバニストは、都市自身が生み出す都市の財産なのである。

都市はその内側にて、生活と計画を行き来するアーバニストを育てることで、豊かさを持続させていくのである。つまり、都市の究極の目標は「誰もがアーバニストになること」なのである。ただし、アーバニストひとりひとりは都市のために生きているのではない。アーバニストは都市を自分たちの人生の豊かさに結びつけようとしているだけである。

しかしである。都市そのものが周囲の農村や自然環境に支えられて初めて成立していること、都市はその外部から様々な資源を収奪しているという側面にも目を向けないといけない。都市の豊かさは、国内そして国境を越えた誰かの犠牲のもとで成立していることに気づいているのだとしたら、単に都市の中で豊かさを追求していればいいとはならない。

ここで、都市に対する謙虚な姿勢は、都市を超えて、自分たちの世界全体にまで向けられるべきである。ただし、だからといって再び、都市肯定から都市否定へと旋回することを望むわけではない。

人類の長い歴史の中で、都市は数えきれない人々の生を包容し、数えきれない人々の生に祝福を与えてきた。この都市という歴史にもまれ現在まで続いてきた発明のその可能性を、私達自身も十分に把握できていないのではないか。地球環境時代における都市の役割、特にその包容力の限界はまだ確認できていない。

だから、今できることは、肯定でも、否定でもない。その前に、都市というものに向き合ってみて、その可能性や限界を自分の手足を使って確認してみることである。誰もがアーバニストになる都市＝アーバニストたちの都市は、未だ実現していない可能態の一つなのである。

†都市に生きる豊かさを求めて

ここまでアーバニストを数多く紹介してきた。最後にもう一人、アーバニストを紹介して本書をしめくくろう。都市デザイナーの北沢猛（一九五三―二〇〇九）である。一九七〇年代から九〇年代にかけて、横浜市役所の都市デザイナーとして二〇年間活躍したあと、母校に戻って大学教員となり、全国にアーバンデザインセンターという新しい都市づくりの組織を展開する種を蒔いた人である。

北沢はドックヤードガーデンや赤煉瓦倉庫に代表されるように、横浜の持つ歴史的資産を活かして、魅力的な都市空間を次々と提案し、実現させてきた。その北沢は、大学に戻った直後、どのような人材を育てたいかという質問に対して、「現場が欲しい人材は、創造力と行動力、例え時間がかかっても解決が可能であると考える前向きな姿勢、幅広い視野と興味、柔軟性、空間の構想力など、欲を言えばきりがない」と回答している。[14] 北沢自身も、都市に対して確かに常に前向きで、柔軟に未来を見つめ続けた人であった。

北沢は都市づくりの究極の目的は、都市の豊かさの探求であるとした。しかし、「豊かさとはいかなるものであろうか。ものによる豊かさを超える価値、言わば生き方の模索、そして生きる場としての都市や町のあり方の模索が続いている」と豊かさそのものを問うた。北沢の経験に裏打ちされた答えは次のようなものであった。[15]

豊かさを図るのは楽しいという感覚ではないかと考えるようになった。空間という風景や自然に感じ、人間として家族や仲間そして地域や組織に、仕事や文化など社会活動にも楽しいという感覚が生まれる。

計画や市民参加、広くネットワークを組み立てる過程で私自身もおそらく周りにも楽しいという感覚が生まれた。そこにいい空間が生まれたのである。

「都市計画の専門家」と「都市に住み、都会の生活を楽しんでいる人」という二つの意味の重なり合うところにアーバニストがいる。北沢は「楽しいという感覚」で両者を見事に架橋してみせたアーバニストであった。アーバニストの「楽しいという感覚」は、周囲をも感化し、アーバニストのムーブメントは広がっていった。

北沢は「都市はどうあるべきか」は「私たちがどう生きられるか」と同義であるとも主張している。そう、都市のあるべきすがたは、私たちが望む生きかたと重ね合わせられる。そして、その重なり合いに向かって、個々人のできることを実践していく、それがアーバニストなのである。

おわりに

巷にあふれる多様な話題の中でも「都市（地域）」は、最も人々が共通して話題にしやすいテーマなのではないか。周囲の会話に耳をすませてみれば、旅行の思い出、住み暮らすまちへの愚痴（や愛着）の声が聞こえてくることは多い。生活者にとっての都市はこんなにも身近なのだが、「都市計画」といった瞬間に「いやぁ、そんな難しいことはわからないなぁ」とか「日本には都市計画なんてないでしょ」、「あぁ「都市開発」ね」などと、距離を置かれてしまうこともある。近代以降から高度経済成長期にかけてのハード整備、もしくはその反動としての（意識が高い）市民運動としての「まちづくり」というイメージなのだろうか。

だが、少なくともハード的には一定の充足を見ている現在の日本では、「都市をつくる」ということは、すでに机上で専門家だけが行うことではなくなっている。大小様々なビジネスの活動、もしくはアートといった活動が都市をつくる時代になりつつあることは、多くの人々が肌で感じているのではないか。そこを少しだけ意識化することで都市はより良く、より楽しくなるはずだ。

本書を執筆した一般社団法人アーバニストは、都市計画の専門家集団である認定ＮＰＯ

日本都市計画家協会の三〇代～五〇代の理事が中心となって発足した組織である。都市の専門家「プランナー」がバックグラウンドの一つではあるが、上記のような都市を取り巻く環境の変化、都市に係る職能の変化に対する問題意識を持ち、従来の専門家「プランナー」に限らない、新たな都市づくりの主体「アーバニスト」への思いを、そのまま法人名とした経緯がある。

専門家として各々の活動を行いつつ、実際に都市に関わるオープンイノベーション拠点「シティラボ東京」という場を運営しながら、都市プランナーに限定せず、都市をつくる、または都市をフィールドとする多様な主体や地域とのネットワーク構築を進めている。その活動の中でも「アーバニスト」という言葉が相応しいビジネスパーソンに出会った。また、エリア再生に関する調査を通してアーティストが都市に与える可能性を分析した。そして、専門家としての各メンバーの経験と新たな課題意識に応じた活動が本書のバックグラウンドとなっている。

もう一つ、都市を取り巻く話題として、地球レベルでの持続可能性が喫緊の課題となっている。世界では都市の増加、とりわけ大都市の増加が続いており、二〇五〇年には全人口の約七〇パーセントが都市に居住すると言われている。都市が地球環境に与える影響は日々増加している。一方、日本では人口減少や高齢化が続いており、とりわけ地方部の都市や地域では、環境のみならず社会・経済的な持続可能性が大きな課題となっている。

経済成長に応じて「つくる」ことをベースとした考え方ではこれらの課題には対応できないが、すでにある資源のシェアや循環に着目した「つかう」視点は着実に育っている。従来のようなマス型の価値観でもなく、孤立した独自の文化でもなく、地域の特性に応じた独自の豊かさを育みながら、情報社会としての特性も活用しながら全国や全世界とつながっていく動きが、民間や市民（アーバニスト）レベルで起きているのではないかと感じる。

ミクロで完結するのでもなく、マクロがミクロを画一化するのでもなく、両者が絡み合いながら環境・経済・社会の側面で持続可能性を増していく。そのような都市の可能性を目指したい。それが、当法人のビジョン「多様な価値を内包する「豊かさ」を持った「持続可能な都市」」にも通じると考えている。

そのような都市を実現していく主体が、職種や業種で限られるのではなく、第7章で整理されたような、「①都市や地域に対する謙虚な姿勢」と「②関係性を生み出す柔軟なリテラシー」をもって、地域の特性に応じながら外部ともつながる「③開かれた場所」を作り出していくという要件で位置づけられる「アーバニスト」である。

本書の執筆は、当法人の自主活動の第一弾である。ディスカッションでは多様な「アーバニスト」が候補として挙げられた。アーバニストの全体像を分析して描きたいという思いもあったが、個人的な属性と活動が連続していることもあり、まずはアーバニストに関する歴史的な経緯（第1〜3章）を提示したうえで、限られた事例ではあるが具体的なアーバニスト像（第4〜6章）を示すという構成となった。調査を行っていく過程で新たなアーバニストの分野や候補も挙がってきており、今後の充実を図りたい。

なお、本書の企画は、当法人の代表理事である小泉秀樹をはじめとする理事会のメンバー全員で検討、立案したものである。また、執筆段階においては、当法人の理事であり本書の編著者である中島直人が東京大学大学院工学系研究科で開講している「都市設計特論第2」から派生した「アーバニスト・プロファイリング・プロジェクト」との協働でとりまとめを行った。関係者が多い中、筑摩書房の柴山浩紀氏には辛抱強く全体の調整をいただいた。直接の協力に限らず普段の活動の中で多くの刺激や機会をいただいた方々を含め、多様な関係者に感謝申し上げる。

個別の名前を挙げるのは控えるが（本文をご参照いただきたい）、ご多忙な中を本書のインタビューに協力いただいたアーバニストの皆さまに御礼を申し上げたい。第6章は、当法人が国土交通省から受託した「エリア再生の分析に関する官民データ収集等業務」の成果を一部活用している。協力をいただいた関係者にも感謝を申し上げる。

今後とも、当法人のミッションである「アーバニスト」の発掘・再発見・育成・輩出に向けて活動を継続していく予定である。その性格上、我々だけで完結できるものではない。関係する皆さまにおかれては、今後ともより一層のご協力を賜れれば幸いである。

二〇二一年一〇月

一般社団法人アーバニスト

注

はじめに

1 David Rudlin & Nicholas Falk, *Building the 21st Century Home : The Sustainable Urban Neighbourhood*, Architectural Press, 1999
2 http://brandondonnelly.com/post/13764883663/what-is-an-urbanist
3 日本建築学会編『まちづくり教科書第1巻 まちづくりの方法』丸善出版、二〇〇四
4 西村幸夫編『まちづくり学——アイディアから実現までのプロセス』朝倉書店、二〇〇七
5 リチャード・ロジャース＋アン・パワー『都市——この小さな国の』太田浩史ほか訳、鹿島出版会、二〇〇四

第1章

1 松田達「ユルバニスムをめぐって」『10＋1』四五号、二〇〇六
2 大内秀明『ウィリアム・モリスのマルクス主義——アーツ&クラフツ運動を支えた思想』平凡社新書、二〇一二
3 Eric Mumford, *Defining Urban Design, CIAM Architects and the Foundation of a Discipline, 1937-69*, Yale University Press, 2009.
4 赤枝尚樹「Fischer 下位文化理論の意義と可能性」『理論と方法』二八巻一号、二〇一三

5 Dongsei Kim, "Learning from Adjectival Urbanisms: The Pluralistic Urbanism", 102nd ACSA Annual Meeting Proceedings, GLOBALIZING ARCHITECTURE / Flows and Disruptions, April 10–12, cf P299 2014, Miami Beach, FL

6 https://www.academyofurbanism.org.uk/evemts/everyone-is-an-urbanist

7 アンソニー・ギデンズ『近代とはいかなる時代か？――モダニティの帰結』松尾精文、小幡正敏訳、而立書房、一九九三

第2章

1 「都市美研究会の設立」『建築雑誌』四七七号、一九二五

2 『岩手日報』一九二九年五月一四日

3 『報知新聞』一九三六年二月一九日

4 「都市計画の民主化――ＰＡＭ座談会」『新都市』一巻六号、一九四七

5 『秀島乾氏と夫人を偲ぶ』一九七三

6 白石克孝、富野暉一郎、広原盛明『現代のまちづくりと地域社会の変革』学芸出版社、二〇〇二

7 「都市開発プロジェクト批判⑩　まとめ：プランナーと地域空間」『ＳＤ』八〇号、一九七一年五月

8 「プランナー」『建築知識　別冊ハンディ版3　キーワード50　まちづくりの新しい視点をさぐる用語』建築知識、一九八二

9 「討論　日本都市計画家協会――設立の背景と目的」『都市計画家』創刊準備号、一九九三

10 http://www.jsurp.jp

第3章

1　望月照彦『都市民俗学2　街を歩き都市を読み取る』未來社、一九八九
2　田村隆一「文学共和国としての「都市」」『朝日新聞』一九七〇年一月一〇日
3　榎本了壱『ダサイズムの逆襲――現象都市解釈』パルコ出版局、一九八五
4　同前
5　前田愛「街の読み方　文学に表われた都市風景」『広告』一九八三年七・八月号
6　三浦展『昼は散歩、夜は読書』而立書房、二〇一八
7　榎本了壱「都市の裏面までわかってしまう――『タウン・ウォッチング』を読んで」『本の窓』八巻九号、一九八五
8　榎本了壱『ダサイズムの逆襲――現象都市解釈』パルコ出版局、一九八五
9　アタマトテインターナショナル『アーバニズム宣言』TOTO出版、一九九〇
10　三浦展『ファスト風土化する日本――郊外化とその病理』洋泉社新書、二〇〇四

第6章

1　熊倉純子監修、菊地拓児・長津結一郎編『アートプロジェクト――芸術と共創する社会』水曜社、二〇一四
2　藤田直哉「前衛のゾンビたち――地域アートの諸問題」『すばる』三六巻一〇号、集英社、二〇一四
3　十和田市現代美術館「クロストーク01 内側と外側から考える、一歩引いて見る」『地域アートはどこにある？』堀之内出版、二〇二〇

4　加治屋健司「地域に展開する日本のアートプロジェクト――歴史的背景とグローバルな文脈」『地域アート――美学／制度／日本』堀之内出版

5　吉原治良をリーダーとして、一九五四年に芦屋で結成、一九七二年の吉良の急死直後解散。特に前期（一九五四―一九五七）においては、パフォーマンスや野外での展示、舞台での作品発表など実験的な活動で知られる（http://www.city.osaka.lg.jp/contents/wdu120/artrip/gutai_history.html、二〇一六年一一月アーカイブ）。

6　一九五六年に福岡県庁の壁面を使った野外詩画展「ペルソナ展」をきっかけに結成。以降一九六〇年代まで活動（https://bijutsutecho.com/artwiki/68）。

7　アメリカの現代アートシーンを中心に、同時期スーザン・レイシーによって、ニュー・ジャンル・パブリック・アート（New Genre Public Art）が提唱され、著名なアーティストによる恒久的な彫刻作品の設置から、八〇年代の終わり頃から暫時的な作品やパフォーマンスやイベント、教育、リサーチ、政治活動など、周囲の人々との関係性を重視したメディアの選択などがみられるようになる。

8　宮沢章夫「第2回　ニューウェーブの時代とピテカントロプス・エレクトゥス」『東京大学「80年代地下文化論」講義　決定版』河出書房新社、二〇一五

9　Kawamata+on the table編『川俣正コールマイン田川：プロジェクト・プレゼンテーション』川俣正コールマイン田川実行委員会、一九九六

10　川俣正「アノニマスな方向に――パブリックな場におけるメッセージについて」（特集　だれのための美術なのか――パブリック・アートの可能性）『美術手帖45（673）』四五巻六七三号、一九九三

11　藤浩志「エッセイ　街とアートの新しい関係「OS」的表現のサンプル」（特集　都市とアート）福岡

都市科学研究所編『URC都市科学』五四号、二〇〇三
12　藤浩志「十和田市現代美術館とは何か?——OSとデモンストレーション」(特集 芸術からみる都市／都市からみる芸術——芸術文化施設と都市のかたち) 日本都市計画学会編『都市計画＝City planning review』六九巻二号、二〇二〇
13　資生堂アートトーク「アートを観る場所1　オルタナティブ・スペースについて」2001年7月28日@ワード資生堂、小池一子トーク
14　『メセナNOTE』四七号、公益社団法人企業メセナ協議会、二〇〇七
15　北川フラム「アートディレクターから見た都市計画」(特集 都市計画の際) 日本都市計画学会編『都市計画＝City planning review』五二巻五号、二〇〇三
16　北川フラム「アートによる地域興し」(特集 元気を創発する——人と建築)『Re: Building maintenance & management』三二巻一号、建築保全センター、二〇一〇
17　黒田雷児「ミュージアム・シティ・天神」開催主旨(一九九〇年三月)『ミュージアム・シティ・プロジェクト 1990-200X——福岡の「まち」に出たアートの10年』ミュージアム・シティ・プロジェクト出版部、二〇〇三
18　「黄金町バザール：母国情勢、アートで　仮想社会にアジア作家ら「異文化への理解を」——横浜の初黄・日ノ出町」『毎日新聞』、二〇一四年九月一二日
19　「消費社会の中の建築　新たな商空間の創造と社会的蓄積を残す機会」『読売新聞』、一九八八年一一月三〇日
20　BEPPU PROJECT『混浴温泉世界——場所とアートの魔術性』河出書房新社、二〇一〇

21　山出淳也「地域の視点で「滞在化」を考える　BEPPU PROJECTの活動について（講義5）」『平成28年度観光地経営講座講義録』日本交通公社、二〇一七
22　BEPPU PROJECT『混浴温泉世界——場所とアートの魔術性』河出書房新社、二〇一〇
23　ジェイン・ジェイコブズ『アメリカ大都市の死と生』山形浩生訳、鹿島出版会、二〇一〇

第7章

1　A・ギデンズ『近代とはいかなる時代か？——モダニティの帰結』松尾精文・小幡正敏訳、而立書房、一九九三
2　大江守之「コメント：弱い専門システム・弱い専門家」（特集　コミュニティ・コモンズ・コミュニタリアニズム）『公共研究』五巻三号、二〇〇八
3　Mark C. Childs, "A Spectrum of Urban Design Roles", *Journal of Urban Design*, 15(1), pp. 1-19, 2010. 2
4　ハリー・コリンズ『我々みんなが科学の専門家なのか？』鈴木俊洋訳、法政大学出版局、二〇一七
5　井庭崇編著『クリエイティブ・ラーニング』慶應義塾大学出版会、二〇一九
6　秋吉浩気「建築とデジタルファブリケーションの交差点：自律分散型の住環境生産サーヴィスが、『限界費用ゼロ社会』を実現する」（インタビュー）、WIRED、二〇一九　https://wired.jp/2019/02/14/vuild
7　西村幸夫『都市から学んだ10のこと　まちづくりの若き仲間たちへ』学芸出版社、二〇一九
8　石川栄耀「名都の表情——条件と分類」『市政』三巻一号、一九五四

9　東京農業大学農学部造園学科庭園学・造園学原論研究室編『原風景の研究』東京農業大学出版会、一九九六
10　槇文彦『記憶の形象――都市と建築との間で』筑摩書房、一九九二
11　大谷幸生「都市の資質とまちづくり」『ジュリスト増刊総合特集　都市の魅力――創造と再発見』有斐閣、一九八二
12　田村隆一「文学共和国としての「都市」」『朝日新聞』一九七〇年一月一〇日
13　伊藤香織・紫牟田伸子監修、シビックプライド研究会編著『シビックプライド――都市のコミュニケーションをデザインする』宣伝会議、二〇〇八
14　北沢猛「自治体の都市づくりと人材」『これからの都市計画教育を考える――都市計画とまちづくりにつなぐ』一九九七年度日本建築学会大会（関東）都市計画部門パネルディスカッション資料、一九九七
15　北沢猛「日本の風景と未来の設計」『都市＋デザイン』二七号、二〇〇八

図版出典

第1章

図1-1　フランソワーズ・ショエ『近代都市――19世紀のプランニング』彦坂裕訳、井上書院、一九八三、四九頁

図1-2　同前、五八頁

図1-3　新谷洋二・越澤明監修『都市をつくった巨匠たち　シティプランナーの横顔』ぎょうせい、二〇〇四、三一頁

図1-4　前掲『近代都市』、八七頁

図1-5　Werner Hegemann and Elbert Peets, *The American Vitruvius: An Architects Handbook of Civic Art*, reprint, Princeton Architectural Press, 1988, 12より抜粋

図1-6　ル・コルビュジエ『ユルバニスム』樋口清訳、鹿島出版会、一九六七、一七五頁

図1-7　筆者作成

表1-1　Mark C. Childs, "A Spectrum of Urban Design Roles", *Journal of Urban Design*, 15(1), pp. 1-19, 2010. 2より作成

表1-2　Jonathan Barnett, A Short Guide to 60 of the Newest Urbanisms, *Planning*, 77(4), pp. 19-21, 2011

第2章

図2-1　『東京朝日新聞』一九二五年一〇月二四日

図2-2　『報知新聞』一九三六年二月一九日

図2-3　堀尾慶治氏提供

図2-4　林泰義「まちづくりプランナーの役割」『新都市』三八巻六号、一九八四、一四頁

図2-5　日本都市計画学会関西支部次世代の「都市をつくる仕事」研究会編『いま、都市をつくる仕事——未来を拓くもうひとつの関わり方』学芸出版社、二〇一一、一一四—一一五頁

第3章

図3-1　関根弘『わが新宿！　叛逆する町』財界展望新社、一九六九の折り込み

図3-2　都市デザイン研究体「日本の広場」『建築文化』二九八号、一九七〇、一四一頁

図3-3　望月照彦『マチノロジー——街の文化学』創世記、一九七七、三九頁

図3-4　同前、四三頁

図3-5　田村隆一編『都市』一号、都市出版社、一九六九年一二月、二八—二九頁

図3-6　東京大学都市デザイン研究室撮影

図3-7　筆者撮影

第4章

図4-1　椎原晶子提供

図4-2　木藤亮太提供
図4-3　https://mokuchin-recipe.jp/
表4-1　筆者作成

第5章
図5-1　筆者作成
図5-2　https://www.muji.com/jp/ja/store/articles/staff-blog/news/539536
図5-3　ボーダレスハウス株式会社提供
図5-4　循環生活研究所ウェブサイト等を素材に一部加筆
表5-1　筆者作成

第6章
図6-1　筆者作成
図6-2　青木彬提供
図6-3　青木彬提供
図6-4　SIDE CORE 提供
図6-5　SIDE CORE 提供

主要参考文献

第1章

・フランソワーズ・ショエ『近代都市――19世紀のプランニング』彦坂裕訳、井上書院、一九八三
・Eric Munford, Defining Urban Design: CIAM Architects and the Formation of a Dicipline, 1937-69, Yale University Press, 2009
・Emily Talen, New Urbanism and American Planning: The Conflict of Cultures, Routledge, 2005
・松本康編『都市社会学セレクション1――近代アーバニズム』日本評論社、二〇一一
・松本康『「シカゴ学派」の社会学――都市研究と社会理論』有斐閣、二〇二一

第2章

・中島直人『都市美運動――シヴィックアートの都市計画史』東京大学出版会、二〇〇九
・中島直人・西成典久・初田香成・佐野浩祥・津々見崇『都市計画家　石川栄耀――都市探究の軌跡』鹿島出版会、二〇〇九
・中島直人『都市計画の思想と場所――日本近現代都市計画史ノート』東京大学出版会、二〇一八
・白石克孝・富野暉一郎・広原盛明『現代のまちづくりと地域社会の変革』学芸出版社、二〇〇二
・日本都市計画学会『都市計画の構造転換　整・開・保からマネジメントまで』鹿島出版会、二〇二一

第3章
・関根弘『針の穴とラクダの夢――半自伝』草思社、一九七八
・本間健彦『60年代新宿アナザー・ストーリー――タウン誌「新宿プレイマップ」極私的フィールド・ノート』社会評論社、二〇一三
・榎本了壱『東京モンスターランド――実験アングラ・サブカルの日々』晶文社、二〇〇八
・望月照彦『都市民俗学』全五巻、未來社、一九八八―一九九一
・三浦展『昼は散歩、夜は読書。』而立書房、二〇一八

第4章
・クッド研究所『季刊まちづくり27』学芸出版社、二〇一〇
・連勇太朗・川瀬英嗣『モクチンメソッド――都市を変える木賃アパート改修戦略』学芸出版社、二〇一七

第6章
・熊倉純子監修、菊地拓児・長津結一郎編著『アートプロジェクト――芸術と共創する社会』水曜社、二〇一四
・藤田直哉編著『地域アート――美学／制度／日本』堀之内出版、二〇一六
・山本浩貴『現代美術史――欧米、日本、トランスナショナル』中公新書、二〇一九
・十和田市現代美術館編著『地域アートはどこにある？』堀之内出版、二〇二〇

・小池一子『美術/中間子――小池一子の現場』平凡社、二〇二〇
・藤浩志・AAFネットワーク『地域を変えるソフトパワー――アートプロジェクトがつなぐ人の知恵、まちの経験』青幻舎、二〇一二
・BEPPU PROJECT著、芹沢高志監修『混浴温泉世界――場所とアートの魔術性』河出書房新社、二〇一〇

第7章

・井庭崇編『クリエイティブ・ラーニング――創造社会の学びと教育』慶應義塾大学出版会、二〇一九
・西村幸夫『都市から学んだ10のこと――まちづくりの若き仲間たちへ』、学芸出版社、二〇一九
・槇文彦『記憶の形象――都市と建築との間で』筑摩書房、一九九二
・東京農業大学農学部造園学科庭園学・造園学原論研究室編『原風景の研究』東京農業大学出版会、一九九六
・伊藤香織・紫牟田伸子監修、シビックプライド研究会編『シビックプライド――都市のコミュニケーションをデザインする』宣伝会議、二〇〇八
・『アーバンデザイナー　北沢猛』BankART1929、二〇一〇

執筆者一覧（掲載順）

中島直人（なかじま・なおと）
一九七六年、東京都生まれ。東京大学大学院工学系研究科都市工学専攻准教授。専門は都市計画。主な著作に『都市計画の思想と場所――日本近現代都市計画史ノート』、『都市美運動――シヴィックアートの都市計画史』（ともに東京大学出版会）などがある。一般社団法人アーバニスト理事。

三谷繭子（みたに・まゆこ）
一九八六年、広島県生まれ。株式会社Groove Designs代表取締役。土地区画整理事業等におけるプランニングから事業推進まで一連の業務に携わったのち、二〇一七年にGroove Designsを創業。現在は都市デザインコンサルタントとして全国各地でプレイスメイキングプロジェクトやまちなか再生を支援する。一般社団法人アーバニスト理事。認定NPO法人日本都市計画家協会理事。

官　尋（かん・しょん）
東京大学大学院工学系研究科都市工学専攻修士課程在学中。

平井一歩（ひらい・かずほ）
一九七三年、東京都生まれ。慶應義塾大学大学院政策・メディア研究科修了。都市計画プランナー、大学の産学官連携コーディネーターを経て、現在シティラボ東京ディレクターを務める。共著に『大学とまちづくり・ものづくり』（三樹書房）がある。一般社団法人アーバニスト理事、認定NPO日本都市計画家協会理事。

大貫絵莉子（おおぬき・えりこ）
東京大学大学院工学系研究科都市工学専攻修士課程在学中。

介川亜紀（すけがわ・あき）
茨城県生まれ。フリーランスの編集者及びディレクターとして、出版社、建築事務所、建材メーカー等の民間企業及び行政の雑誌、書籍、WEBサイトの企画編集、制作を行う。テーマは主に建築、まちづくり、デザイン関連。業務と並行して明治大学大学院理工学研究科に在籍し2016年修了。シティラボ東京広報、一般社団法人アーバニスト理事。

園部達理（そのべ・たつり）
東京大学大学院工学系研究科都市工学専攻修士課程修了。

ちくま新書
1614

アーバニスト
——魅力《みりょく》ある都市《とし》の創生者《そうせいしゃ》たち

二〇二一年一一月一〇日　第一刷発行

著　　者　中島直人（なかじま・なおと）
　　　　　一般社団法人アーバニスト

発 行 者　喜入冬子

発 行 所　株式会社 筑摩書房
東京都台東区蔵前二-五-三　郵便番号一一一-八七五五
電話番号〇三-五六八七-二六〇一（代表）

装 幀 者　間村俊一

印刷・製本　株式会社 精興社

ISBN978-4-480-07437-9 C0236

ちくま新書

739
建築史的モンダイ
藤森照信
建築の歴史を眺めていると、大きな疑問がいくつもわいてくる。建築の始まりとは？　そもそも建築とは何なのか？　建築史の中に横たわる大問題を解き明かす！

1181
日本建築入門
――近代と伝統
五十嵐太郎
「日本的デザイン」とは何か。五輪競技場・国会議事堂・皇居など国家プロジェクトにおいて繰り返されてきた問いを通し、ナショナリズムとモダニズムの相克を読む。

1214
ひらかれる建築
――「民主化」の作法
松村秀一
建築が転換している！　居住のための「箱」から生きるための「場」へ。「箱」は今、人と人をつなぐコミュニティとなる。あるべき建築の姿を描き出す。

1304
ひとり空間の都市論
南後由和
同調圧力が高い日本の、おひとりさま。だが都市生活では、ひとりこそが正常だったはずだ。つながりやコミュニティへ世論が傾く今、ひとり空間の可能性を問い直す。

1445
コミュニティと都市の未来
――新しい共生の作法
吉原直樹
多様性を認め、軽やかに移動する人々によるコミュニティはいかにして成立するのか。新しい共生の作法が、既存の都市やコミュニティを変えていく可能性を探る。

1219
江戸の都市力
――地形と経済で読みとく
鈴木浩三
天下普請、参勤交代、水運網整備、地理的利点、統治システム、所得の再分配……地形と経済の観点を中心として、未曾有の大都市に発展した江戸の秘密を探る！

1379
都市空間の明治維新
――江戸から東京への大転換
松山恵
江戸が東京になったとき、どのような変化が起こったのか？　皇居改造、煉瓦街計画、武家地の転用など空間の変容を考察し、その町に暮らした人々の痕跡をたどる。

ちくま新書

1247 建築から見た日本古代史 武澤秀一

飛鳥寺、四天王寺、伊勢神宮などの古代建築群を手がかりに日本誕生に至る古代史を一望する。仏教公伝、皇祖神創造、生前退位は如何に三次元的に表現されたのか？

1520 水都　東京 ――地形と歴史で読みとく下町・山の手・郊外 陣内秀信

隅田川が流れる下町から、凸凹地形が魅力的な山の手、さらに古代の記憶が随所にみられる郊外まで、川、海、濠、湧水などに着目して、水の都市・東京を描き出す。

1573 日本の農村 ――農村社会学に見る東西南北 細谷昂

二十世紀初頭以来の農村社会学者の記録から、日本各地域の農村のあり方、家と村の歴史を再構成する。日本人が忘れ去ってしまいそうな列島の農村の原風景を探る。

1588 環境社会学入門 ――持続可能な未来をつくる 長谷川公一

環境社会学とはどんな学問か。第一人者がみずからの研究史を振り返りつつ、その魅力と可能性を説き明かす。環境問題に関心をもつすべての人のための導きの書。

1602 地域学入門 山下祐介

近代化で見えなくなった地域の実像を、生態、社会、文化、歴史の側面からとらえ直す。限界集落や地方消滅問題に挑んできた気鋭の社会学者による地域学のすすめ。

1597 現代日本政治史 ――「改革の政治」とオルタナティヴ 大井赤亥

「改革」という語はいかにして日本政治のキーワードとなったか。現代政治を「改革の政治」という視点から再検討し、その混迷を打破する新たな政治像を模索する。

1609 産業革命史 ――イノベーションに見る国際秩序の変遷 郭四志

産業革命を四段階に分け、現在のＡＩ、ＩｏＴによる第四次産業革命に至るまでの各国のイノベーションの変転をたどり、覇権の変遷を俯瞰する新しい世界経済史。

ちくま新書

1599
SDGsがひらくビジネス新時代
竹下隆一郎
気候危機、働き方、声を上げる消費者……。すべてがビジネスにつながっていくSDGsの時代を迎え、「これからの見取り図」を示したビジネスパーソン必読の書！

1593
日本金融百年史
横山和輝
関東大震災、金融恐慌、戦時下経済から戦後復興、高度成長、バブル、失われた30年へ。歴史に学ぶことはなぜ難しいのか？　株式市場、金融・経済の歴史を追う。

1538
貿易の世界史
――大航海時代から「一帯一路」まで
福田邦夫
国であれ企業であれ、貿易の主導権を握ったものが世界を動かしてきた。貿易の始まった大航海時代までさかのぼり、グローバル経済における覇権争いの歴史を描く。

1526
統計で考える働き方の未来
坂本貴志
労働の実態、高齢化や格差など日本社会の現状、賃金や社会保障制度の変遷などを多くの統計をもとに分析し、そこから未来を予測。高齢者の働き方を考える。

1494
現場力
――強い日本企業の秘密
光山博敏
中沢孝夫
新しい技術の開発は、ずっと現場で行われてきた。豊富な事例をもとに、日本のものづくりの比較優位を支えてきた競争力とはどういうものか、その本質を捉え直す。

1479
地域活性マーケティング
岩永洋平
地方の味方は誰か。どうすれば地域産品を開発、ブランド化できるのか。ふるさと納税にふるさとへの思いはあるか。地方が稼ぐ仕組みと戦略とは。

1607
魚にも自分がわかる
――動物認知研究の最先端
幸田正典
魚が鏡を見て、体についた寄生虫をとろうとする!?　「魚の自己意識」に取り組む世界で唯一の研究室が、動物の賢さをめぐる常識をひっくり返す！

ちくま新書

1566 ダイオウイカ vs. マッコウクジラ
——図説・深海の怪物たち
北村雄一
海の男たちが恐怖したオオウミヘビや日本の漁船が引きあげたニューネッシーの正体は何だったのか。深海に蠢く奇々怪々な生物の姿と生態を迫力のイラストで解説。

1545 学びなおす算数
小林道正
分数でわるとなぜ答えが大きくなるか、円周率はなぜわりきれないか、マイナスかけるマイナスがなぜプラスになるか、図形感覚が身につく補助線とは……。

1542 生物多様性を問いなおす
——世界・自然・未来との共生とＳＤＧｓ
高橋進
ＳＤＧｓ達成に直結し、生物資源と人類の生存基盤とを包摂する生物多様性。地球公共財をめぐる旧来の利益第一主義を脱し、相利共生を実現するための構図を示す。

1454 やりなおし高校物理
永野裕之
ムズカシイ……。定理、法則、数式と覚えて理解しなきゃいけないことが多い物理。それを図と文章で一気に理解させ、数式は最後にまとめて確認する画期的な一冊。

1442 ヒトの発達の謎を解く
——胎児期から人類の未来まで
明和政子
イヤイヤ期はなぜ起きる？　思春期に感情が暴走するのはなぜ？　デジタル化は脳に影響あるの？　ヒトの本質に焦点をあてて、脳と心の成長を科学的に解明する。

1432 やりなおし高校地学
——地球と宇宙をまるごと理解する
鎌田浩毅
人類の居場所である地球・宇宙をまるごと学ぼう！　京大人気№１教授が贈る、壮大かつ実用的なエッセンスを集めた入門書。日本人に必須の地学の教養がこの一冊に。

1425 植物はおいしい
——身近な植物の知られざる秘密
田中修
季節ごとの旬の野菜・果物・穀物から驚きの新品種、香りの効能、認知症予防まで、食べる植物の「すごい」「おもしろい」「ふしぎ」な話題を豊富にご紹介します。